農業のマーケティング教科書

食と農のおいしいつなぎかた

岩崎邦彦
Kunihiko Iwasaki

日本経済新聞出版

はじめに

高品質なモノはたくさんある

日本は、高品質の農産物とおいしい食があふれるすばらしい国だ。豊富な山の幸、野の幸、海の幸が存在し、農業の技術レベルも高い。全国各地で生産者に聞いてみると、多くの人がこう答える。

「味では負けない」
「品質には自信がある」
「技術では負けない」

しかし、その後に決まって続くのは、次のような言葉だ。

「だけど、売れない」
「だけど、儲からない」

「だけど、うまくいかない」

味、品質、技術で負けていないのに、なぜ、うまくいかないのだろうか。

消費者は「食べるモノ」でなく「食べるコト」を買う

あなたは、次の文の空欄にいくらと入れるだろうか。

●トマトの購入に1回あたり[　　]円まで払うことができる。
●茶葉の購入に1回あたり[　　]円まで払うことができる。

実際に、全国2000人の消費者に金額を入れてもらった(注1)。それぞれの平均値は、次のとおりだ。

「トマト」　329円
「茶葉」　　848円

では、次はどうだろうか。

●おいしさの感動に［　　　　　］円まで払うことができる。
●リラックスしたひと時に［　　　　　］円まで払うことができる。

消費者2000人が答えた金額の平均値は、以下の通りだ。

「おいしさの感動」　5292円
「リラックスしたひと時」　3943円

価格は「価値」のバロメーターである。前記の消費者の支払許容額は、消費者が感じる「価値」の高さを示しているとみていいだろう。「おいしさの感動」は「トマト」の16倍。「リラックスしたひと時」は「茶葉」の約5倍だ。

そう、消費者は、トマトという「農産物」を買うのではなく、「おいしさ」を買っている。消費者は、「茶葉」が欲しいのではなく、お茶を飲んで「リラックスしたい」のである。

消費者の関心は、農産物そのものではなく、その商品が自分にとって、どのような価値があるのかだ。だから、単にトマトを売り込もうとしても、うまくいかない。単に茶葉を売り込もうとしてもうまくいかない。

売り込まれて、買いたくなる人はいない

「農産物を売り込もう!」

「地域産品を売り込もう!」


全国各地でこういったキャンペーンをよく見かける。

しかし、考えてほしい。売り込まれて買いたくなる人はどれほどいるだろうか。「売り込もう」の発想では、消費者の買いたい気持ちは喚起しにくいし、財布のひもは緩まない。「売ろう」と思えば思うほど、逆に顧客の財布のひもはかたくなる。

押されれば押されるほど、人は感情的に引いてしまうものだ。誰かが自分を説得しようとしていると感じると、人は無意識に身構えてしまう。

発想を変えてみよう。

21世紀の農業で大切なのは、売り込みという「押す力」ではない。消費者をひきつける「引く力」（引力）だ。

20世紀の農業　「押す力」　農業者　↓　（売り込み）　↓　消費者
21世紀の農業　「引く力」　消費者　↓　（買いたい）　↓　農業者

「食」と「農」をつなごう

農産物の品質を決めるのは、作る人ではなく「食べる人」である。おいしさが生まれるのは、農場でもなく、売り場でもなく、「生活の場」だ。

単に農産物を生産するだけの農業は、すでに終焉しているのかもしれない。時代とともに農業の概念も進化していく。

21世紀の農業は、農産物を作って終わりではなく、作ったものを売り込むことでもない。農産物の引力を高め、消費者をひきつけ、「食」と「農」をつなぐことである。

では、どうすれば「引力のある農産物」をつくることができるのだろうか。どうすれば、効果的に食と農をつなぐことができるのか。これが本書のメインテーマである。

キーワードは「マーケティング」だ。

さあ、ここからは、食と農の〝おいしい〟つなぎ方を考えていくことにしよう！

（注1）静岡県立大学経営情報学部岩崎研究室、2017年2月、買い物に関するアンケート、全国の消費者2000人対象。

調査方法は、株式会社ネオマーケティングが運営するアンケート専門サイト「アイリサーチ」を用いたＷｅｂアンケート方式で、岩崎研究室が実施した。消費者調査の対象は、20代～60代以上の男女である。性別は男女均等（男性50％、女性50％）、年代も均等（20代20％、30代20％、40代20％、50代20％、60代以上20％）に割り付けた。

以下、本書で実施している「消費者調査」「全国農業者調査」の調査方法は、とくに明示がない限り、これと同様のＷｅｂアンケート方式である。各調査の調査時期、サンプル数は調査ごとに表示している。

農業のマーケティング教科書　目　次

第3章 品質を決めるのは消費者である

第4章 うまくいっている農家にはどのような特徴があるのか 81

第5章 どうやって強いブランドをつくるか 97

第6章 「違い」が価値になる 123

第8章 農業の体験価値を伝えよう 163

第9章 さあ、前に踏み出そう！ 191

第1章

農業を再定義しよう

「農」と「食」が強い国の共通点

突然だが、表1－1を見てほしい。1位がアイスランド、2位がオランダ、3位がニュージーランド。

この表は、「人口1人当たりでみた農産物・食糧品の輸出額」の世界ランキングを算出したものである。

「人口1人当たりの農産物・食糧品の輸出額が多い」ということは、その国において、「農」や「食」の相対的な地位が高く、国際的な競争力もあることを示唆している。

たとえば、1位のアイスランド、2位のオランダ、3位のニュージーランド。それぞれ漁業、園芸・畜産、酪農において国際的な競争力を有している。いずれの国も、農業や水産業など一次産業の社会的地位が高く、職業としての人気も高い。

ここで、もう1つの表を見てみよう（表1－2）。これは何かというと、「幸福度」の世界ランキングだ。

幸福度のベスト10に入っている国名を見てほしい。先ほどの「人口1人当たりの農産物・食糧品の輸出額」のランキングに入っている国と10か国中5か国が同じだ。

表1－1：人口1人当たりの農産物・食糧品 輸出額の世界ランキング

順位	国名	（100万ドル）
1	アイスランド	6.286
2	オランダ	5.083
3	ニュージーランド	4.222
4	ベルギー	3.546
5	デンマーク	3.101
6	アイルランド	2.664
7	ルクセンブルク	2.222
8	ノルウェー	2.220
9	シンガポール	2.074
10	リトアニア	1.575

（注）人口30万人以上の国を対象に、筆者作成。
（出所）人口は世界銀行統計（2016）、輸出額（農産物・食糧品）はUNCTAD（2016）。

表1－2：幸福度の世界ランキング

順位	国名	順位	国名
1	スウェーデン	11	チリ
2	オーストラリア	12	イギリス
3	ニュージーランド	13	ルクセンブルク
4	カナダ	14	ベルギー
5	オランダ	15	ドイツ
6	フィンランド	16	アイルランド
7	スイス	17	アメリカ
8	アイスランド	18	オーストリア
9	デンマーク	19	コスタリカ
10	ノルウェー	20	イスラエル

（出所）World Happiness Report（2017）

表1－3：「人口1人当たりの農産物・食糧品 輸出額」と「幸福度」

順位	国名	
1	アイスランド	「幸福」
2	オランダ	「幸福」
3	ニュージーランド	「幸福」
4	ベルギー	「幸福」
5	デンマーク	「幸福」
6	アイルランド	「幸福」
7	ルクセンブルク	「幸福」
8	ノルウェー	「幸福」
9	シンガポール	
10	リトアニア	

（注）「幸福」は、幸福度の世界ランキング20位以内を示す。

表1－4：おいしい＝○○○。

順位	キーワード	出現頻度
1	幸せ	584
2	嬉しい	152
3	楽しい	121
4	幸福	103
5	満足	94
6	笑顔	43
7	食べたい	37
8	元気	32
9	ハッピー	29
10	好き	28

（出所）全国2000人調査、岩崎研究室（2017年2月）

ベスト20に範囲を広げてみると、一致度はさらに増加する。人口1人当たりの農産物・食糧品の輸出額の上位8か国まで、すべての国が幸福度のベスト20入りしている（表1－3）。

農や食に関する産業の相対的な地位が高い国は、幸福度も高い傾向にある。この2つの世界ランキングの類似性は、単なる偶然だろうか。偶然というには、一致度が高いような気もする。

この点について、もう少し見ていこう。

「おいしい」が意味すること

あなたは、次の等式の空欄にどのような言葉を入れるだろうか。

おいしい ＝ [　　　　　　]。

全国の消費者2000人が入れた言葉を見てみよう（表1－4）。

圧倒的に多くの人があげた言葉は、「幸せ」という言葉である。選択肢なしで自由に記述

表1－5：おいしいものを食べると、［　　　　　］。

順位	キーワード	出現頻度
1	幸せ	850
2	嬉しい	320
3	笑顔	127
4	元気	66
5	満足	64
5	楽しい	64
7	心	40
8	満たされる	33
9	ハッピー	18
10	幸福	16

（注）出現頻度の上位10単語。
（出所）全国2000人調査、岩崎研究室（2017年2月）

してもらったにもかかわらず、2000人中584人が「幸せ」という言葉を頭に描いたということだ。「幸福」「ハッピー」という同義語を加えると、その割合はさらに高まる。

次の質問はどうだろうか。空欄に、最初に思い浮かんだ言葉を1つ書いてほしい。

おいしいものを食べると、［　　　　　］。

結果は、表1－5の通りだ。

ここでも圧倒的に多くの人が入れた言葉は、「幸せ」である。人は、おいしいものを食べると幸福感で満たされる。おいしさはお腹だけでなく、心も満たしてくれるということだろう。

そう考えると、なぜ「山の食材」と言わずに「山の幸」と言うのか。なぜ「海の食材」とは言わずに「海の幸」と言うのかが分かる気がする。

農産物や海産物など一次産品は、我々に「おいしい」を提供してくれる、「幸せ」の源泉なのである。

山の食材 → 「山の幸」
海の食材 → 「海の幸」

「農」と「食」と「幸せ」の関係

ところで、「人口1人当たりの農産物・食糧品の輸出額」と「幸福度」に関して、日本の世界ランキングは、どうなっているのだろうか。

日本の「人口1人当たりの農産物・食糧品の輸出額」は117位、「幸福度」は51位である。いずれも残念な結果である。だが、視点を変えれば、まだ「伸びしろが十分にある」

ということかもしれない。

●人口1人当たりの農産物・食糧品の輸出額	日本	117位
●幸福度	日本	51位

（出所）表1－1、1－2と同じ

日本の幸福度の世界ランキングは高くないとはいえ、同じ日本に住んでいても、幸福度の高い人がいれば、低い人もいる。

では、先ほどの世界ランキングで示唆されたような農業と幸福度の関係が、国内においてもみられるのだろうか。全国の消費者調査データを用いて、「農」と「幸せ」の関係をみてみよう（注1）。

分析結果は、図1－1の通りだ。

この図が示唆しているのは、以下の2点である。

①農業を身近に感じている人ほど、「幸福度」が高い。

②食生活と農業の距離を近く感じている人ほど、「幸福度」が高い。

図1－1：「農業」との心理的な距離と幸福度の関係

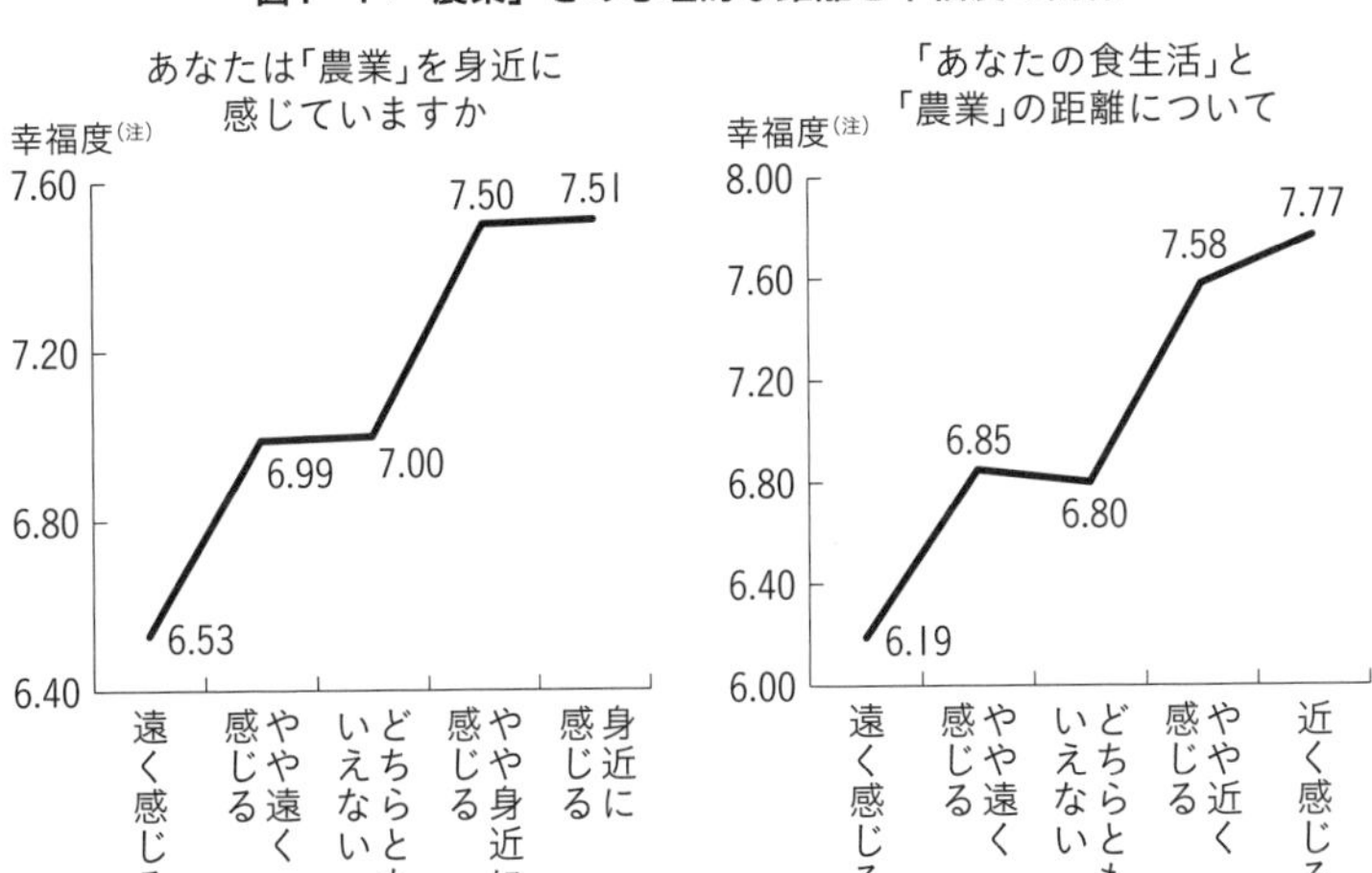

（注）幸福度の測定は、章末の（注1）に記載
（出所）全国消費者1000人調査（2016年2月）

図1－2：「農」と「食」と「幸福度」の関係の分析結果

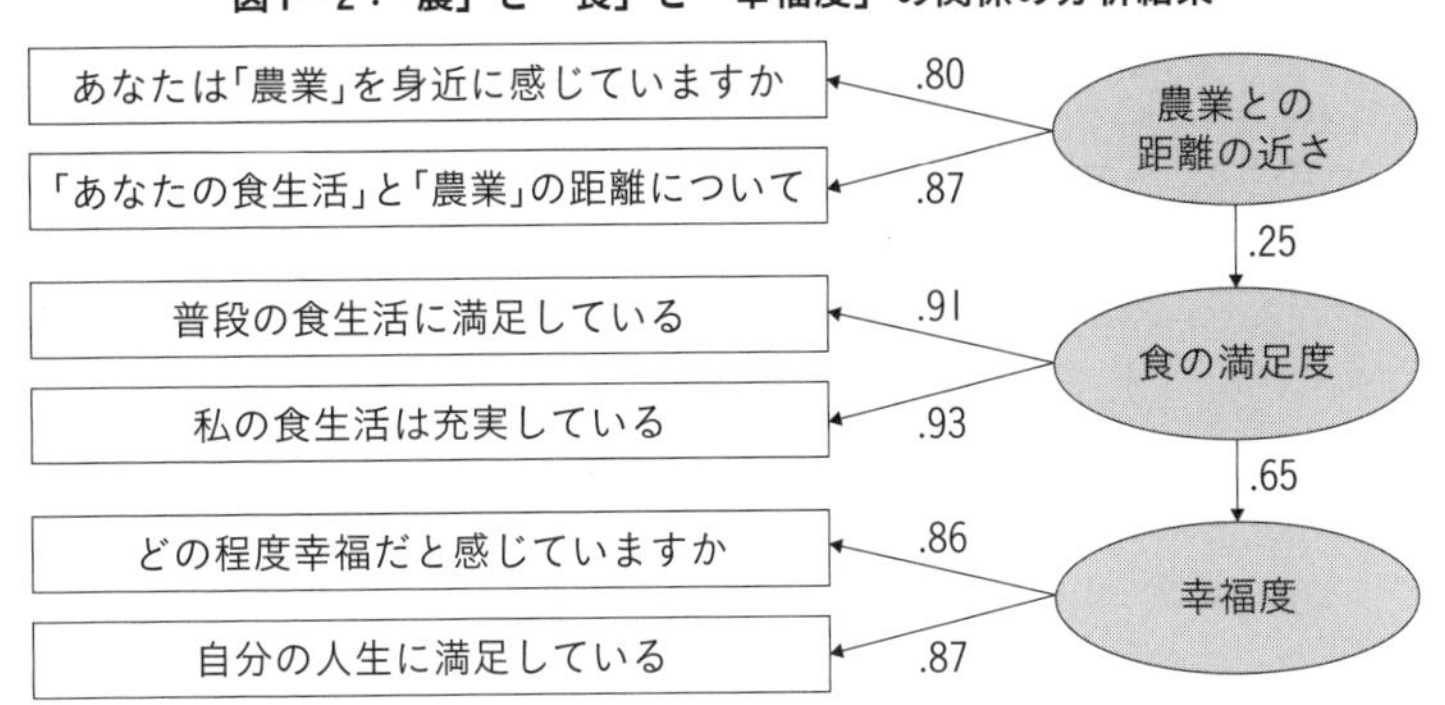

（注）分析手法は共分散構造分析。数字は標準化推定値（すべて1％水準で有意）。モデル適合度はGFI＝.993, CFI＝.995, RMSEA＝.046。なお、図では誤差項の表示は省略した。
（出所）全国消費者1000人調査（2016年2月）

図1－3：「農」の先には「幸せ」がある

なぜ、このような関係が見られるのだろうか。

もしかすると「農」は、「食」を通して幸福度に影響を与えているのかもしれない。そこで、先ほどの消費者データを用いて、「農」と「食」と「幸せ」の関係を統計的に探ってみた。

分析の結果は、図1－2に示すとおりである。「農」と「食」と「幸せ」の間には、明らかにポジティブな関係が存在している。

この結果からは、「消費者」と「農」との心理的な距離感が近くなれば、食の満足度が向上し、幸福感が向上することが示唆される。「農」の先には「おいしい」があり、「おいしい」の先には「幸せ」がある（図1－3）。

農業は、単に農産物を生産するだけの仕事ではないということだ。人々の幸福の基盤となる、誇り高き仕事である。農業や農村の活性化は、農業分野だけに止まらず、人々の幸福感にも結び付く。

そう考えると、現代の農業は「農産物の生産業」という辞書的な意味を超えて、「幸せ創造業」と再定義しても、過言ではないだろう。

（注1）具体的な質問と評価尺度は、以下のとおりである。

【幸福度】

●あなたは普段どの程度幸福だと感じていますか（非常に幸福⑽～非常に不幸⑼の11ポイントスケール）

●自分の人生に満足している（そう思う⑸～そう思わない⑴の5ポイントスケール）

【農業との心理的な距離感】

●あなたは「農業」を身近に感じていますか（身近に感じる⑸～身近に感じない⑴の5ポイントスケール）

●「あなたの食生活」と「農業」の距離について、どのように感じていますか（近く感じる⑸～遠く感じる⑴の5ポイントスケール）

【食生活の満足度】

●私の食生活は充実している（そう思う⑸～そう思わない⑴の5ポイントスケール）

●普段の食生活に満足している（そう思う⑸～そう思わない⑴の5ポイントスケール）

第2章

農業にマーケティング発想を

前章でみた通り、農業は人々の「幸せ」の源泉となる産業である。しかし今日、「売れない」「儲からない」「うまくいかない」と嘆く農業者が少なくない。

では、どうすれば農業者がもっと元気になるのだろうか。どうすれば農業が活性化するのだろうか。

そのためのキーワードは「マーケティング」だ。

農業が元気になるためには、マーケティング的な発想が欠かせない時代が来ている。本章からは、「農業のマーケティング」について具体的に見ていくことにしよう。

マーケティングとは何か

マーケティングに成功するための第一歩は何か。それは「マーケティングとは何か」に関してベクトル合わせをすることである。

マーケティングとは、一言でいうと、「顧客を創造する活動」である。農業において、顧客を創造するためには、農と食をつなぐことが欠かせない。

そこで本書では、「農業のマーケティング」を次のように定義することにしよう。

農業のマーケティングとは、「農」と「食」をつなぎ、顧客を生み出す活動である。

では、どうすれば、顧客を生み出すことができるのだろうか。ポイントは、農産物という「モノ」ではなく、農産物が生み出す「価値」だ。

いくつか例をあげよう。

●トマトという「農産物」を買うのではない。おいしさ、健康、おしゃれな食卓といった「価値」を買っている。

●茶葉という「農産物」を買うのではない。リラックス、やすらぎ、健康といった「価値」を買っている。

●ウナギという「水産物」を買うのではない。ごちそう、元気、栄養価といった「価値」を買っている。

●花という「植物」を買うのではない。感謝の気持ち、癒やし、快適な空間といった「価値」を買っている。

消費者は「モノ」を買っているのではなく、「価値」を買う。これがマーケティングの発想だ。生産者は「農産物を売ろう」「食べ物を売ろう」と考えがちである。発想を変えよう。

消費者は、自分にとってまったく価値がなければ、たとえ1円でも買わないということだ。

「食べるもの」の日がなぜ普及しないのか

日本には、「食べるもの」の記念日が溢れている。「お米の日」「野菜の日」「トマトの日」「まぐろの日」「バナナの日」「うどんの日」「ヨーグルトの日」……。

それぞれ、何月何日か分かるだろうか。

順に、8月8日、8月31日、10月10日、10月10日、8月7日、7月2日、5月15日である。おそらくほとんどの人が知らないのではないか。ちなみにこの原稿を書いている5月25日は「みやざきマンゴーの日」だ。

あなたは、お米の日（8月8日）に、普段よりお米を食べたくなるだろうか。野菜の日（8月31日）に、普段より野菜を食べたくなるだろうか。

実際に消費者に聞いてみると、ほとんどの人が「いいえ」と答える。

こういった「食べるもの」の記念日の多くが、それほど普及していないのはなぜだろう。

それは、「モノ」を訴求しているだけで、「価値」を訴求できていないからである。モノを訴求されても、消費者は食べる理由や買う理由を見つけにくい。だからうまくいかない。


次のどちらのメッセージがあなたの心に響くだろうか。

●母の日　「カーネーションを買いましょう」
●母の日　「お母さんへ感謝の気持ちを贈りましょう」

大部分の人は、後者を選ぶはずだ。

「食べるもの」の日とは異なり、たとえば「母の日」「バレンタインデー」「土用の丑の日」は大部分の人が知っている。

もし、「母の日」が「カーネーションの日」だったとしたら、今ほど普及しただろうか。「バレンタインデー」でなく「チョコレートの日」だったらどうか。「土用の丑の日」でなく「ウナギの日」だったらどうか。

おそらく普及しなかっただろう。

「母の日」　　　　　＝　母への感謝の気持ち
「バレンタインデー」＝　愛しい気持ち
「土用の丑の日」　　＝　暑い時期を乗り切る活力

いずれの日も、「モノ」ではなく「価値」を訴求したからこそ、ここまで普及したのである。

「食べるモノ」から「食べるコト」へ

消費者が価値を感じるのは、農産物・食物という「食べるモノ」ではなく、おいしい食事・食卓という「食べるコト」なのである。

消費者の関心はインターネット上のブログをみても分かる。図2－1は、全国のブログを集めて、「農産物」「食物」と「食事」という単語が出現するブログのエントリー数を比較したものである。「食事」のブログのエントリー数は、「農産物」と「食物」を合わせた数の8倍以上ある。

この結果からも、人々の関心が「食べるモノ」（農産物、食物）にあるというよりも、「食べるコト」（食事）にあることが明らかだろう。

では、「農産物（食べるモノ）」を「おいしい（食べるコト）」に変えるためのキーワードは何か。

それが、「マーケティング」である。

マーケティングへの関心の高まり

図2-2を見てほしい。このグラフは、「農業」と「マーケティング」という言葉が出てくる新聞記事数の長期的な推移を示したものである。

1980年はゼロ件である。おそらくこの頃までは、「農業＝農産物をつくる」だけでよかったのかもしれない。

だが、80年代以降、農業のマーケティングに関する記事が右肩上がりで増えている。新聞記事数が増えているということは、農業分野でマーケティングへの関心が高まっているということだ。

図2－1：該当単語が出現するブログのエントリー数

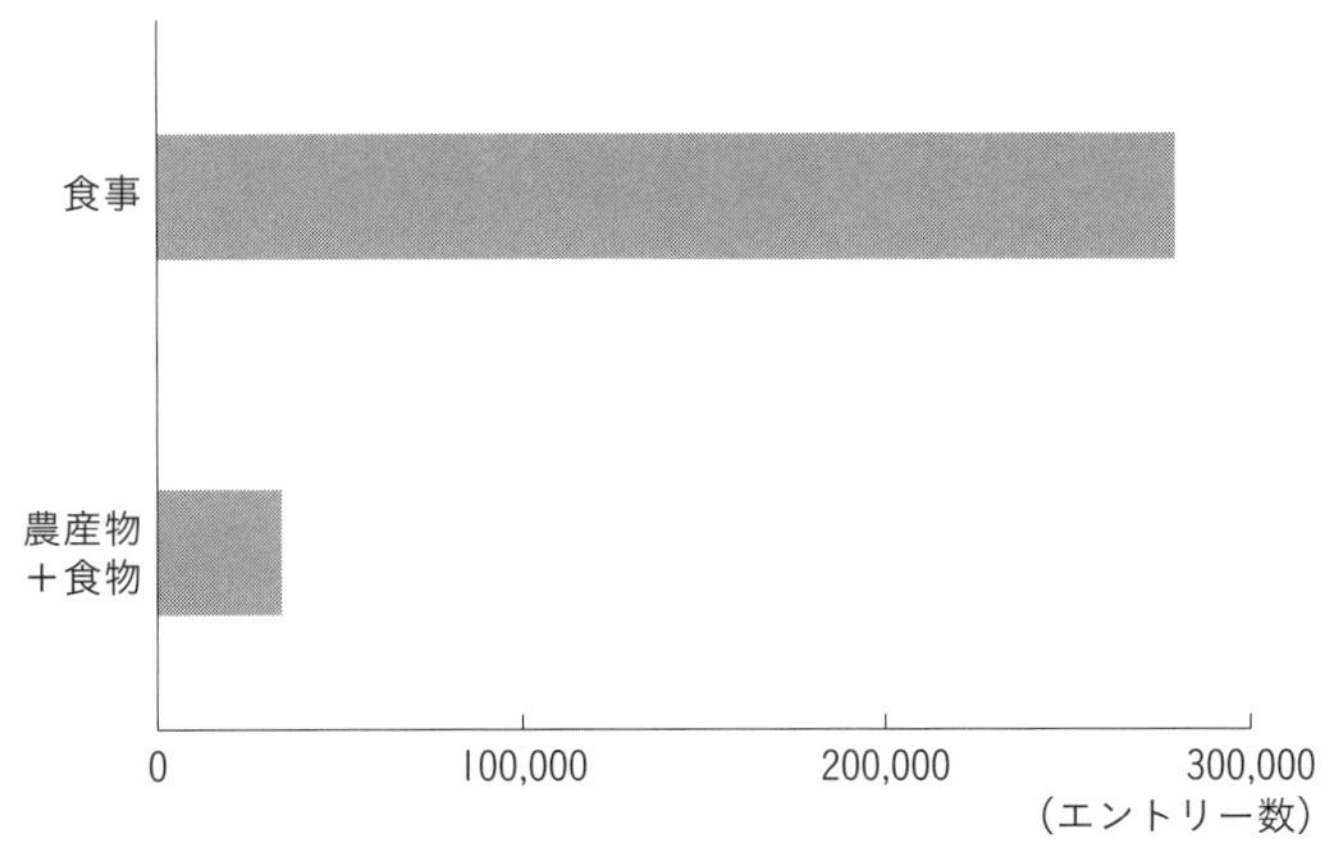

（注）2016年6月の4週間の合計値、ブログクチコミサーチを利用して算出

図2－2：農業のマーケティングに関する新聞記事数の推移

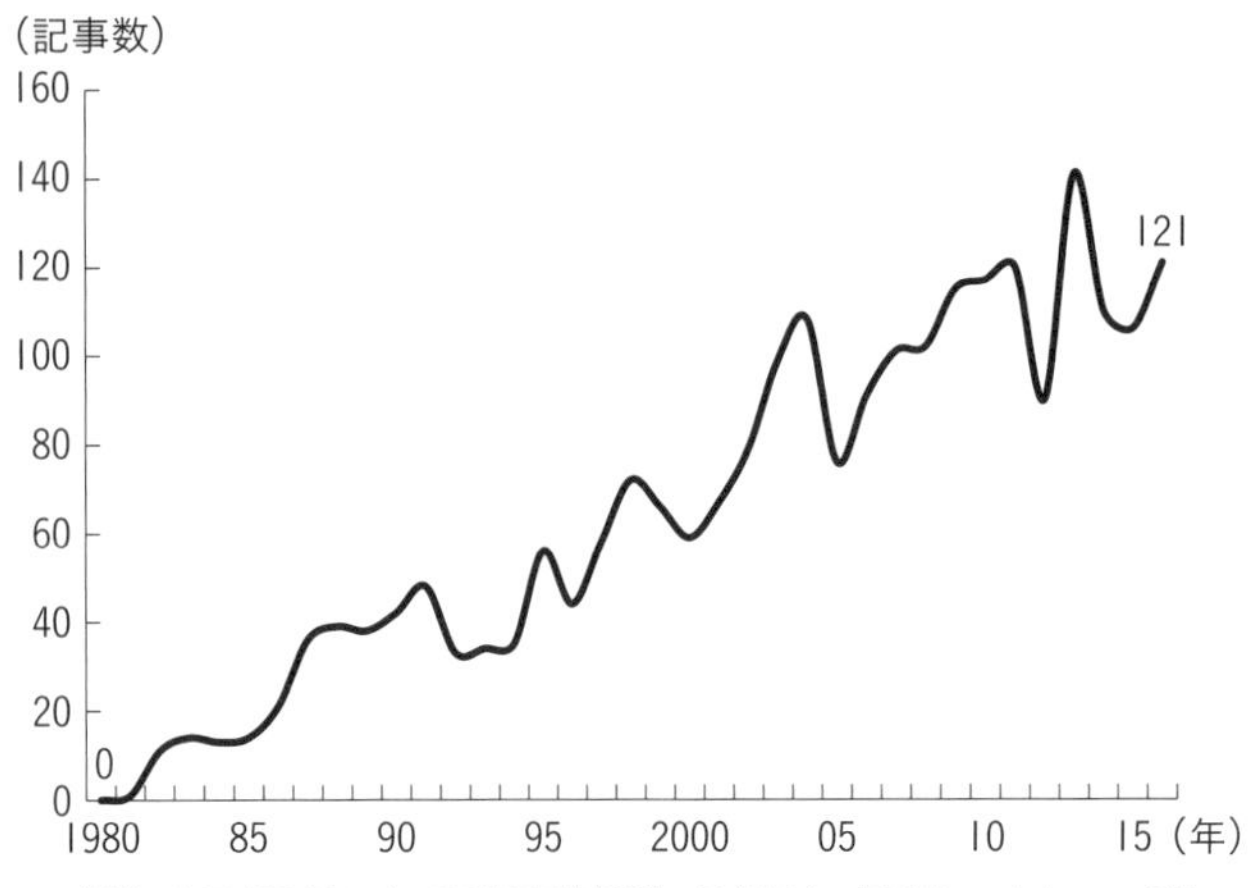

（注）全国紙5紙および日経産業新聞・日経MJの見出し・本文に、「農業」と「マーケティング」という言葉が一緒に出現した数。

そう、「農産物をつくる農業」に加えて、「顧客をつくる農業」という視点が欠かせない時代が来ているのである。

「販売」と「マーケティング」は違う

農業の現場で話を聞くと、マーケティングのことを「販売活動」や「売り込み」と同じような意味で捉えている人が多い。

「販売」と「マーケティング」は一見似ているようだが、その発想は正反対である。マーケティング的な発想をより理解するために、ここで「販売」と「マーケティング」を対比してみよう。

「食」を例にとると、販売とマーケティングの発想の違いは、次の通りだ。

●販　売　　　　「ぜひ、食べてください」
●マーケティング　「ぜひ、食べたい」

販売とマーケティングの「発想の起点」が１８０度違うことが分かるだろう。

表2－1：生産者目線か、消費者目線か？

（%）

どちらに近いですか	生産者目線	やや生産者目線	やや消費者目線	消費者目線
●生産者目線を重視 ●消費者目線を重視	5.3	42.2	43.5	9.0

（注）調査対象は、全国の20才以上の個人農家および農業法人の経営者。
調査方法は、「はじめに」の（注1）に記載。
（出所）全国農業者調査（n＝469）（岩崎研究室、2016年2月）

販売＝「食べてください」は、起点が農作物や生産者である。消費者起点ではない。「私が、食べてください」という言葉は明らかに違和感がある。

一方、マーケティングは顧客起点だ。「私が、食べたい」のである。「ぜひ、食べてください」ではなく、「ぜひ、食べたい」と思ってもらう。買い手を主語にして考える。これがマーケティングの発想だ。

消費者目線になっているか？

消費者目線の重要性は、生産者のデータからも明らかである。全国の農業者に次のような質問をしてみた。

> あなたは「生産者目線を重視」か「消費者目線を重視」のどちらに近いですか？

図2－3：農業者の目線と「業績」の関係

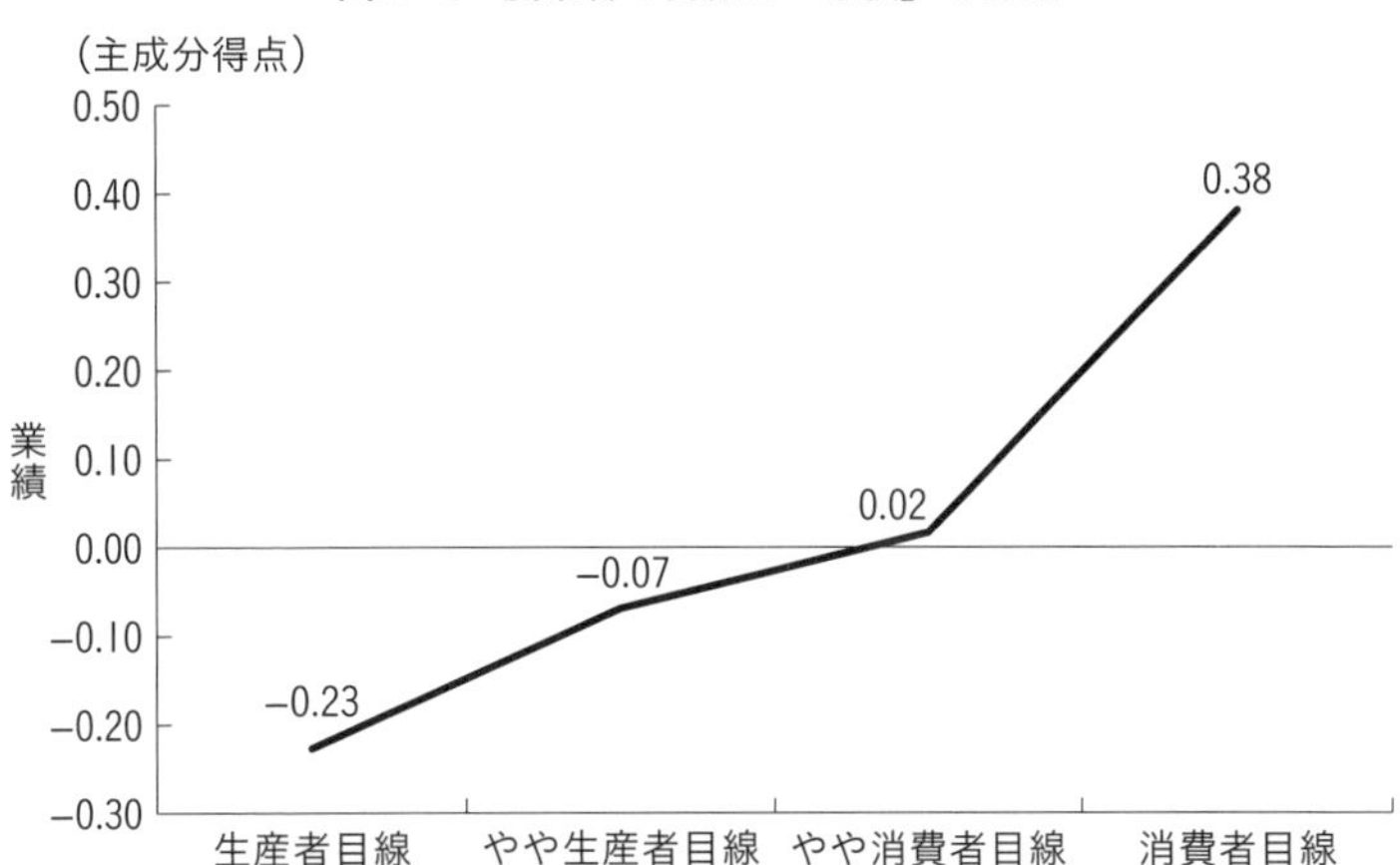

(注1) 業績は「現在の業況」「売上推移」「農業収益」の3変数の主成分得点（平均値＝0、標準偏差＝1）
(注2) 分散分析 5％水準有意
(出所) 表2－1と同じ

図2－4：農業者の目線と「売上増加」の関係

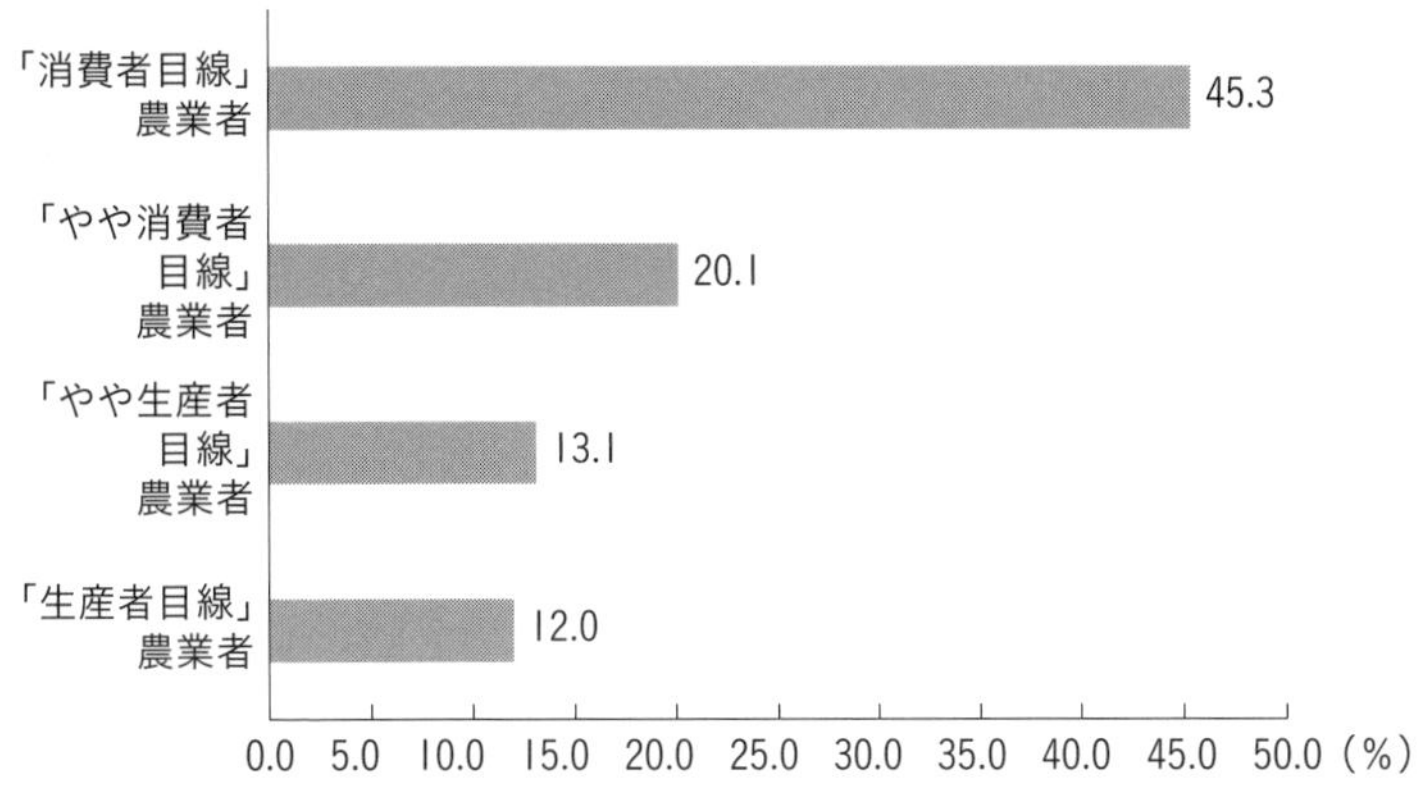

(注) 売上推移は3年前との比較、売上増加とは「5％以上増加」を示す。
(出所) 表2－1と同じ

図2－5：生産志向、販売志向、マーケティング志向の比較

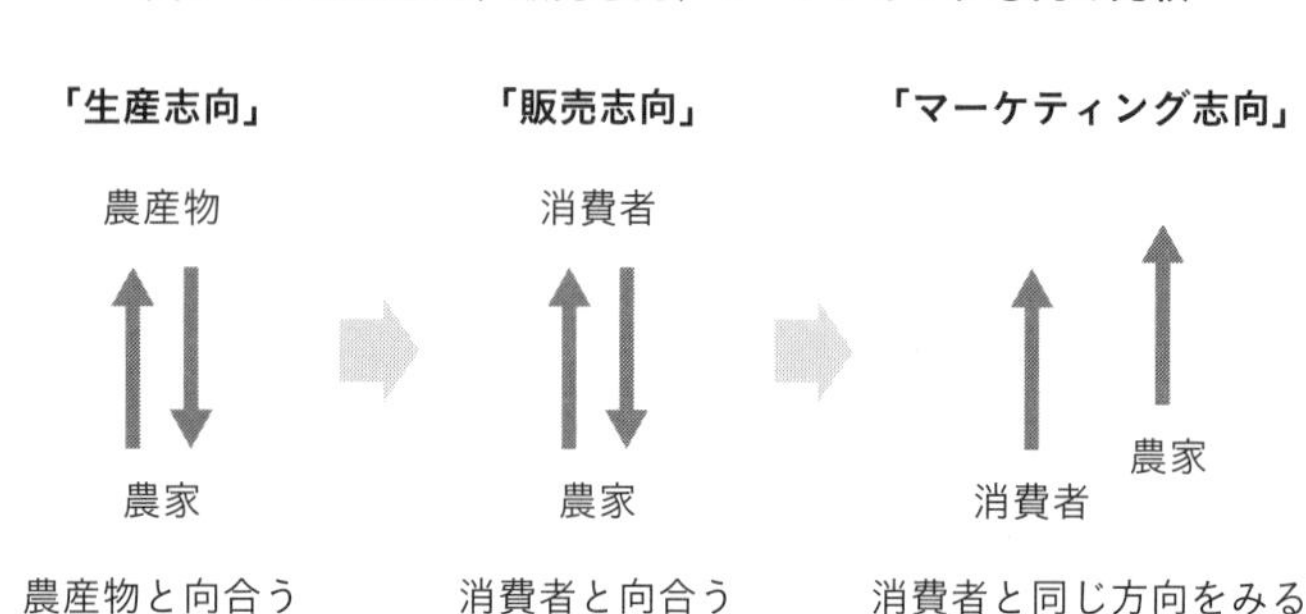

結果は、表2－1に示す通りだ。「生産者目線」を重視している生産者と「消費者目線」の生産者は、ほぼ半々である。

この回答結果と「業績」との関係をみたものが、図2－3の折れ線グラフである。

この図をみると、折れ線はきれいな右肩上がりになっている。消費者目線の農業者ほど、業績が良いことが視覚的にも明らかだろう。

図2－4は、目線別に売上高の推移を見たものである。「生産者目線」の農業者と比較して、「消費者目線」の農業者が売上を伸ばしていることが分かる。

顧客と同じ方向を向こう

マーケティングにおいて大切なのは「消費者目線」

「生活者目線」で考えることだ。つまり、生産者と消費者が同じ方向をみることである（図2－5）。

●生産者は、単に農産物と向き合うのではない。すなわち、「生産志向」ではいけない。
●生産者は、単に消費者と向き合うのでもない。すなわち、「販売志向」ではいけない。
●生産者は、消費者と同じ方向をみるのである。これが「マーケティング志向」である。

消費者と同じ方向をみたうえで、消費者の一歩先を行く。つまり、消費者の気持ちを想像し、理解したうえで、消費者に価値の提案をする。「消費者の思い」と「生産者の思い」が共鳴するときに、おいしさの感動が生まれる。

マーケティング志向の農業者に欠かせないのは、次の3つの力だ。

●顧客の心や生活を想像する力　＝「想像力」
●顧客の気持ちを感じる力　＝「共感力」

言うは易く、行うは難し

「消費者目線」「マーケティング志向」と口で言うのは簡単だが、いざ実行となると難しい。まさに、「言うは易く、行うは難し」だ。この点についてみてみよう。

ここで質問。
あなたは、次の式の空欄にどのような言葉を入れるだろうか。

トマト　＋　［　　　］　＝　満足

はじめに、トマトの「生産者」に回答をしてもらった。
結果は、表2−2の通りである。
「おいしさ」「品質」「うま味・うまさ」が出現頻度の上位3ワードである。

表2－2：生産者があげた単語

順位	キーワード	出現頻度
1	おいしさ	25
2	品質	6
2	うま味・うまさ	6

（出所）トマト生産者調査（n＝75）（岩崎研究室、2016年9月）

表2－3：消費者があげた単語

順位	キーワード	出現頻度
1	チーズ	126
2	パスタ	84
3	塩	81

（出所）消費者1000人調査（東京都に住む20代～60代の男女、2013年12月）

図2－6：生産者と消費者の視点の比較

生産者の視点
「トマトという農産物」

消費者の視点
「トマトのある食事」

まったく同じ質問を、買い手である「消費者」にも聞いてみた。消費者はどのような言葉を入れたのだろうか。

結果は表2－3のとおりだ。

上位3ワードは「チーズ」「パスタ」「塩」である。消費者があげた言葉は、生産者の回答とまったく異なる。

この結果から示唆されることは何か。

生産者と消費者が見ているものが違うということだろう。生産者は、「トマトという農産物（食べるモノ）」を見ている。頭では「消費者目線」の重要性を認識していたとしても、無意識に、「農」と「食」が分離し、生産者目線になっているのかもしれない。

一方、消費者が見ているのは、「トマトのある食事（食べるコト）」である（図2－6）。消費者の頭の中には、「農」と「食」の境界線はなく、両者が一体化しているということだ。

この結果からも、生産者が真の「消費者目線」になることの難しさが窺えるだろう。とはいえ、消費者目線は、単なるスローガンに終わってはいけない。実行に移す必要がある。

では、どうすれば、生産者の目線を消費者と同じ方向にすることができるのだろうか。

「生産者目線」を強制的に「消費者目線」に変える方法

ここで、生産者の視点を180度転換し、「消費者目線」に変える方法を紹介しよう。視点を変えると、見える景色はまったく異なるはずだ。

①「売る」という言葉を禁句にし、「買う」と言い換える

農業の現場や農業分野のレポートなどを見ると、「売り込み」「売る」という言葉が頻繁に使われている。「売り込む」「売る」という言葉を使っている限り、生産者目線から脱却することができないだろう。「売る」ことばかり考えていると、商品にしか目が向かず、視野が狭くなる。

「売り込み」「売る」

こういった言葉を禁句にしよう。その代わり、「買いたくなる」「買う」という言葉を使うようにする。そうすれば、視点が180度転換するはずだ。

●売る　→　主語は、売り手
●買う　→　主語は、買い手

②「何」ではなく、「なぜ」で発想する

生産志向の人々は「〝何〟を作るか」を考え、販売志向の人々は「〝何〟を売るか」を考える。

一方、マーケティング志向の人々は、消費者が「〝なぜ〟買うのか」を考える。

消費者目線になるためには、「何」を売るのかではなく、「なぜ」買うのかを考えよう。「何」は、目に見える「モノ」である。一方、「なぜ」の先にあるのは、目に見えない「価値」だ。

●なぜ、消費者はこの商品を食べたくなるのか
●なぜ、消費者は他のブランドではなく、このブランドを選ぶのか

その回答が、買い手にとっての「価値」である。

単に、「おいしいから、食べてください」では、消費者の気持ちは、なかなか動かない。

具体的に選ぶ理由が必要である。

「なぜ」の先にマーケティングの本質があるはずだ。

「なぜ」で発想することを心がけよう。

- 生産志向 → 「何を、作るか」
- 販売志向 → 「何を、売るか」
- マーケティング志向 → 「なぜ、買うのか」

③「食べるモノ」ではなく「食べるコト」をイメージする

最近は、生産者の名前や写真が入っている農産物も増えてきた。いわゆる、「生産者の顔が見える農産物」である。

だが、消費者目線になるために大切なのは、「生産者の顔が見える農産物」という発想ではなく、「消費者の顔が見える農産物」という発想かもしれない。

時代は、「モノ」の消費から「時間（コト）」の消費へシフトしている。繰り返すが、消費者が価値を感じるのは、農産物・食物という「食べるモノ」ではない。おいしい食卓・食事といった「食べるコト」である。

自分が生産した農産物が、料理されているシーン、食卓に乗っているシーン、消費者が笑顔で食べているシーンをイメージできるようにしよう。

④「農産物をつくる」ではなく、「顧客をつくる」と考える

従来の農業は、「農産物をつくること」、すなわち、生産にウェイトをかけすぎていなかっただろうか。「農産物をつくる」と考えると、自ずと生産者目線になってしまう。

発想を転換して、「顧客をつくる」と考えよう。

そうすれば、目線も顧客起点に180度転換するはずだ。

これからの農業は、「農産物をつくる」だけではうまくいかない。「顧客をつくる」という発想が不可欠だ。生産とマーケティングは、まさに車の両輪なのである。

● 生産 ↓ 「農産物をつくる」

● マーケティング ↓ 「顧客をつくる」

⑤小売店に行って、自分が生産した農産物を自腹で買ってみる

自分の商品をお店で買ったことが何回ぐらいあるだろうか。

農業者に聞いてみると、その多くが、自分が生産した農産物を買いに行った経験がない。

それでは、真に消費者目線になることは難しい。

小売店に行ってみて、自分が生産した農産物を、自分でお金を出して、買ってみよう。

自腹で買えば、頭での自分の商品の位置づけも理解できる。支出の痛みも実感できる。

それこそが消費者目線だ。その感覚を忘れないためにも、定期的に買い物に行くようにしよう。

第3章

品質を決めるのは消費者である

生産者目線の品質 ≠ 消費者目線の品質

「品質には絶対の自信を持っていますが、販売に苦労しています」

最近、農業の現場で、こういった声を頻繁に耳にするようになった。

我が国の農家が生産する農産物の品質は、高いレベルにある。農産物の加工の技術も極めて高い。にもかかわらず、業績が芳しくない農業者が多いということは、何を意味するのか。

おそらく、生産者目線の品質だけでは、農業のマーケティングはうまくいかないということだ。

売り手が認識する品質と、買い手が知覚する品質は必ずしも同じではない。いや、両者のモノサシは違うことも多い。

業界のプロが集まる品評会で「最高品質」と評価された商品が、消費者に支持されるとは限らない。逆に、品評会では評価されなかった商品が売れたりもする。

「おいしさ」が生まれるのは、農場ではなく、食事の場である

「おいしいか、おいしくないか」を最終的に決めるのは生産者ではなく、消費者だ。農産物の「価値」が形になるのは、食事の場である。

これまで、作り手のモノサシだけで「品質を上げよう、品質を上げよう」と努力を続けてきた農業者が多いのではないだろうか。

もし、そうだとすると、生産者の「自己満足度」は上がったとしても、「顧客満足度」は上がっていない可能性がある。

消費者に伝わらない品質は、独り善がりだ。消費者に選ばれるためには、消費者のモノサシを理解し、その評価を上げていくことが欠かせない。

人は、舌だけで味わっているのではない

「農産物は中身が大切だ」

このように言う農業者は多い。もちろん、中身はとても大切だ。しかし、中身だけでは、

消費者は買いたい気持ちにならない。

「おいしさ」を感じるメカニズムは、とても複雑で繊細なものだ。人は、味覚だけでなく、視覚、嗅覚、聴覚、触感を含めた五感全体で味わっている。

舌で味わうおいしさもあれば、目で感じるおいしさ、鼻で感じるおいしさ、耳で感じるおいしさ、食感のおいしさもある。

加えて、人は「頭」や「心」でもおいしさを感じている。「五感で味わう、おいしさ」もあるが、「頭で考える、おいしさ」「心で感じる、おいしさ」もあるということだ。

たとえば、食に関する知識、口コミ情報、ブランド・イメージなど、消費者の「頭」にある様々な情報は、おいしさに影響をもたらす。

家庭料理や愛妻弁当など「心」が込められた料理は、よりおいしく感じるはずだ。逆に、「心」に不安や悲しみなどネガティブな感情があれば、何を食べてもおいしく感じないだろう。

病院の食事をイメージしてみよう。

病院食と聞いただけで、多くの人が「おいしくなさそう」と回答する（表3－1）。同じ食事でも、病院とホテルでは、真逆の結果だ。

もちろん、病院食の味が本当に良くないケースもあるだろうが、病気で不安だからおい

表3−1：病院の食事、ホテルの食事はおいしそうか

（%）

	おいしくなさそう	あまりおいしくなさそう	どちらともいえない	ややおいしそう	おいしそう
病院の食事	27.9	44.6	21.1	4.8	1.6
ホテルのレストランの食事	0.4	1.6	18.2	40.2	39.6

（出所）全国1000人消費者調査（2016年2月）

図3−1：「おいしさ」＝「五感」×「頭」×「心」

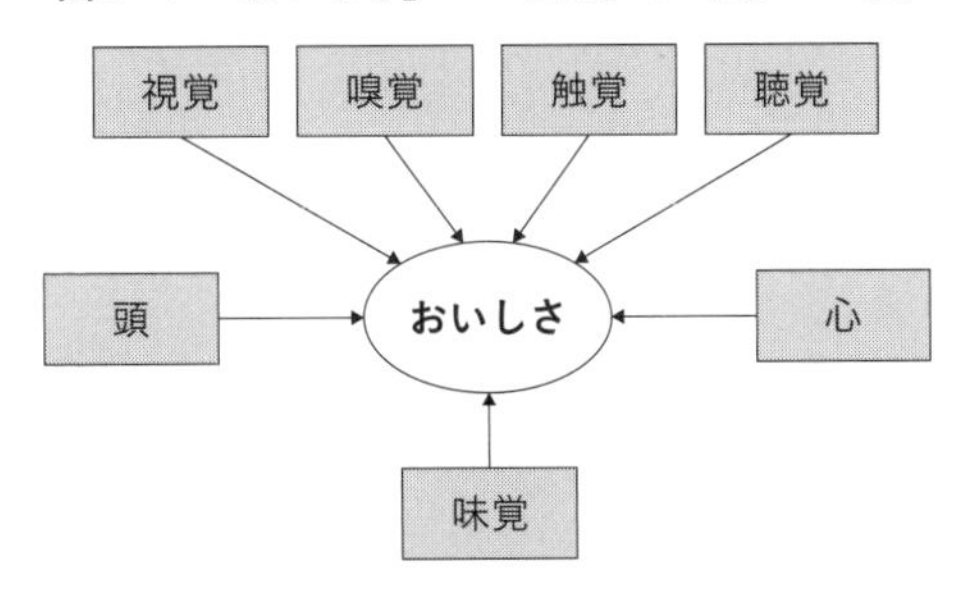

しくない、病院の雰囲気では食欲がわかない、という心理的な側面もあるはずだ。

おいしさは「五感」と「頭」と「心」の〝掛け算〟で生まれる（図3−1）。

そう考えれば、「おいしさ」は、農場では生まれないことが理解できる。農産物だけをみていても、「おいしさ」を提供することが難しいことも分かるはずだ。

知覚品質をいかに高めるか

消費者の「食べたいという気持ち」を喚起するためには、生産者目線の品質だけでなく、消費者が感じる品質、すなわち「知覚品質」の向上が欠かせない。

では、どうすれば「知覚品質」が高まるのか。

ここでは、消費者データを利用して、知覚品質を高めるためのポイントをみていこう。

①「ブランド」で知覚品質が高まる

今、農業の分野でも「ブランド」が注目されている。その理由の1つは、「ブランド」が知覚品質を高めてくれるからだ。実験を紹介しよう。

具体的な手続きは、次のとおりである。

全国2000人の消費者に「皿に盛られたイチゴ」の写真を示し、このイチゴをレストランで食べる場合、いくらまで出せるかを聞いた。

回答者が見たイチゴの写真はまったく同じである。唯一違うのは、Aグループ（回答者の50％）には、イチゴの写真の上に「いちご」という文字が表示され、Bグループ（回答者の50％）には「あまおう」と表示されていることである（図3－2参照）。A、Bのグ

図3−2：ブランドによる知覚品質向上（1）

Aグループ（回答者の50％）
「いちご」

Bグループ（回答者の50％）
「あまおう」

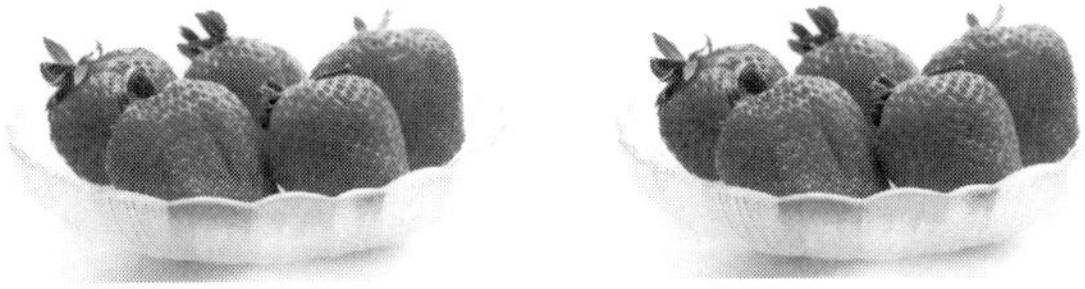

Aグループ（いちご）	1皿	444円
Bグループ（あまおう）	1皿	550円

（出所）全国消費者2000人調査（2017年2月）

ループはランダムに振り分けている。

実験の結果はどうだったか。

Aグループでは、イチゴ1皿の平均価格は「444円」。一方、Bグループは「550円」である。同じイチゴにもかかわらず「あまおう」と表示があるだけで、支払許容価格が2割以上も増加している。これが、ブランドの力だ。

次は、牛肉の実験をみてみよう。

Aグループ（回答者の50％）には、肉の写真の上に「牛肉」という文字が表示され、Bグループ（回答者の50％）には「松阪牛」と表示されている（図3−3）。その他の条件は、まったく同じである。

写真のステーキを、レストランで食べるとすると、1枚いくらまで支払っていいと思うか聞いたところ、Aグループの平均価格は「2068円」。一方、Bグループの平均価格は「2518円」である。「松

図3－3：ブランドによる知覚品質向上（2）

Aグループ（回答者の50％）
「牛肉」

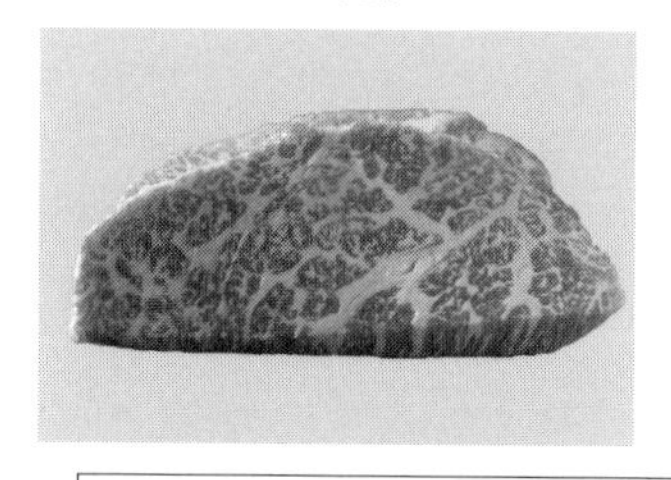

Bグループ（回答者の50％）
「松阪牛」

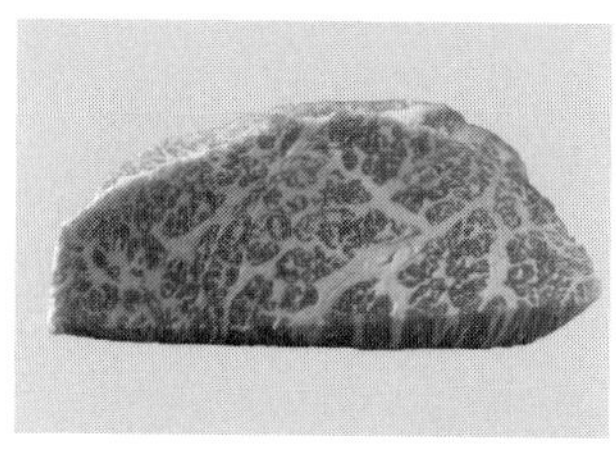

Aグループ（牛肉）	1皿	2068円
Bグループ（松坂牛）	1皿	2518円

（出所）図3－2と同じ

阪牛」と表示があるだけで、支払許容価格が2割以上も増加している。

強いブランドが、消費者の知覚品質を高めることは明らかだろう。

では、どうすれば強いブランドが生まれるのか。この点については、第5章で検討していく。

②「見える化」で知覚品質が高まる

「わぁ～！　おいしそう」

頻繁に聞く言葉だ。この言葉から分かる通り、我々は、食べてから見るのではなく、見てから食べる。視覚は味を変えてしまう。ためしに、目を閉じて食事をしてほしい。おいしさは半減するはずだ。

「おいしい」を漢字で書いてみよう。

美味しい。そう、「美しい味」だ。おいしい気持ちを喚起するためには、「美」と「味」の融合が欠かせないということだろう。

農業のマーケティングは、「視覚より、味覚」ではなく、「視覚も、味覚も」大切なのである。

おいしい ＝ 美＋味

味には形がない

農業者に「生産者として、もっとも大切にしていることは何ですか」と聞くと、「味」と回答する人が多い。もちろん、味はとても大切である。

だが、いくら生産者が「私がつくった農産物は、おいしいです」と言っても、おいしさは目に見えない。味には形がない。目に見えないと、人は不安を感じる。だから、消費者は「おいしさ」を見たいのである。

おいしさを「見える化」しよう。そうすれば、知覚品質は向上するはずだ。

たとえば、商品の「パッケージ」は、単なる包み紙でもないし、箱でもない。「品質、おいしさ、こだわりを形にしたもの」がパッケージなのである。

パッケージだけでなく、リーフレット、パンフレット、POP、サイトのトップページ、ラベルなど、消費者の目に入るものすべてが知覚品質に影響する。ラベルやパッケージの「字体（フォント）」さえも、知覚品質に影響を与える。

実験結果をみてみよう。

フォントで味が変わるのか

具体的な実験手続きは、次の通りである。

全国1000人の消費者に「湯飲みに入った緑茶」の写真を示し、この緑茶を緑茶カフェで飲むとすると、一杯何円まで支払うかを聞いた。

1000人が見た緑茶の写真は、まったく同じである（図3－4）。

唯一違うのは、Aグループ（回答者の50％）には〝行書体〟のフォントで「静岡の優良茶園の高級緑茶」と表示され、Bグループ（回答者の50％）には〝ポップ体〟のフォントで「静岡の優良茶園の高級緑茶」と表示されていることである。

実験の結果はどうだったか。

図3−4：フォントによる知覚品質向上

Aグループ（回答者の50％）	Bグループ（回答者の50％）
静岡の優良茶園の高級緑茶	静岡の優良茶園の高級緑茶

Aグループ（行書体）	緑茶1杯	305円
Bグループ（ポップ体）	緑茶1杯	275円

（出所）全国消費者1000人調査（2015年2月）

まったく同じ緑茶の写真を提示したにもかかわらず、Ａグループでは、緑茶１杯の平均価格は「３０５円」。一方、Ｂグループは「２７５円」である。統計的にも明らかに有意な差である。

フォントで「知覚品質」は、本当に変化するということだ。おいしさの「見える化」が、いかに大切なのかを示唆する結果だろう。

高級感と視覚

あなたは、次の文の空欄にどのような言葉を入れるだろうか。

私は、　　　　　なイチゴに高級感を感じる

消費者1000人に自由に言葉を入れてもらった。結果は、表3－2に示した通りである。

出現頻度が高い単語の1位から8位まですべて、「視覚」に関するものだ。とくに、「つや」「粒が大きい」「赤い」などの視覚的情報が、高級感を感じるキーポイントになっていることが分かる。

見た目と品質との関係

見た目は、品質評価に具体的にどのような影響を与えているのだろうか。消費者に、4枚のイチゴの写真を提示し、視覚的評価と品質評価の関係を探った（図3－5）。

分析の結果、明らかになったのは以下の5点である。

●「高級感」にもっとも影響を与える視覚的要素は、「つや・輝き」である。

表3－2：どのようなイチゴに高級感を感じるか

順位	キーワード	出現頻度
1	艶・艶々・鮮やか	155
2	粒	153
3	真っ赤	143
4	大きい	121
5	大粒	119
6	赤い	105
7	濃い・濃厚	92
8	きれい	89
9	甘い	69
10	新鮮	63

（注）出現頻度が高い単語（上位10）を抽出。
（出所）東京都に住む1年間に1回以上イチゴを買うことがある女性1000人。
岩崎研究室・静岡県農林技術研究所調査（2014年1月）

図3－5：消費者に提示した4枚のイチゴの写真

A：収穫日の写真

B：Aに赤色のくすみ加工

C：Aにつやなし加工

D：Aの収穫後3日目

（出所）表3—2と同じ

図3－6：見た目と品質判断の関係

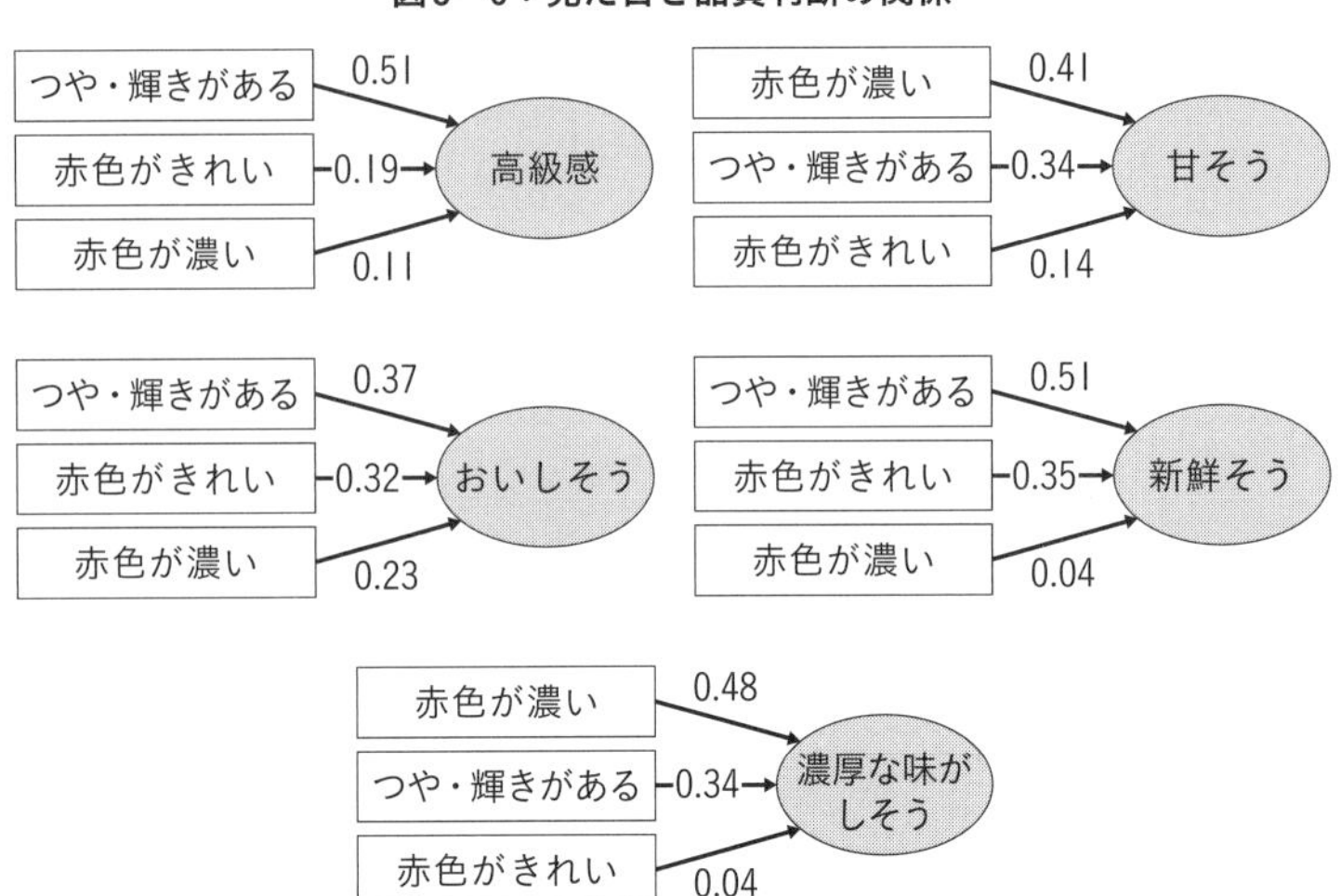

（注）分析手法は、ステップワイズ回帰分析。図中の数字は標準化回帰係数（各品質評価への影響度を示す）
（出所）表3－2と同じ。

●「甘さ」にもっとも影響を与える視覚的要素は、「赤色の濃さ」である。
●「おいしさ」にもっとも影響を与える視覚的要素は、「つや・輝き」である。
●「新鮮さ」にもっとも影響を与える視覚的要素は、「つや・輝き」である。
●「濃厚さ」にもっとも影響を与える視覚的要素は、「赤色の濃さ」である。

つまり、消費者は、イチゴの「つや・輝き」で高級感、鮮度、おいしさを感じ、「赤色の濃さ」で甘さと濃厚さを感じているということだ（図3－6）。

人は、目に見えるものを通して、目に見えない「品質」や「おいしさ」を推測する。

さあ、積極的においしさを「見える化」していこう。

③「言える化」で知覚品質が高まる

「自分が生産した農産物の特徴を説明できない農家が多い」

これは、ある食品の流通業者の言葉だ。おいしさを言語化する「言える化」も、知覚品質を高めるためには有効である。

あなたは次頁のAとB、どちらに魅力を感じるだろうか。

消費者調査の結果は、表3－3の通りである。

AとBの写真はまったく同じにもかかわらず、「レタス」「牡蠣」「シフォンケーキ」のいずれにおいても、Bに魅力を感じる人が圧倒的に多い。言葉によって、知覚品質は変化することが示唆される結果だろう。

知覚品質を高めるためには、おいしさの表現力も大切である。

A：高品質なレタス

B：みずみずしくて、シャキシャキのレタス

A：高品質な牡蠣

B：殻からこぼれおちそうな、プリプリの牡蠣

A：高品質なシフォンケーキ

B：フワフワで、しっとりしたシフォンケーキ

単に「高品質」「おいしい」と聞いただけでは具体的なイメージが浮かばない。イメージが浮かばなければ、消費者の気持ちは動きにくい。

表3−3：おいしさの「言える化」の効果

(%)

AとBのどちらに魅力を感じますか。	A	ややA	どちらともいえない	ややB	B
A 高品質なレタス B みずみずしくて、シャキシャキのレタス	4.1	7.6	15.0	34.8	38.5
A 高品質な牡蠣 B 殻からこぼれおちそうな、プリプリの牡蠣	6.8	10.7	23.2	27.8	31.5
A 高品質なシフォンケーキ B フワフワで、しっとりしたシフォンケーキ	5.1	8.6	19.8	29.1	37.4

（出所）全国消費者1000人調査（2015年11月）

一方、「殻から、こぼれおちそうな、プリプリの牡蠣」は、牡蠣の画像や食べるシーンがイメージできる。食べる場面が生き生きと思い浮かべば、消費者の食べたい気持ちが喚起される。

農産物の「味」「見た目」「食感」「香り」などを言葉にしてみよう。「言える化」によって、「見えないおいしさ」が口伝えで、人々に広がっていく。

消費者は、おいしさを「聞きたい」し、「言いたい」のである。

「言える化」の効果は、男女で異なる

おいしさの「言える化」の効果は、とくに女性をターゲットとした場合に発揮されるかもしれない。

表3－4：男女別にみた「言える化」の効果

［高品質なレタス／みずみずしくて、シャキシャキのレタス］のどちらに魅力を感じますか。 （%）

	高品質なレタス	やや高品質なレタス	どちらともいえない	ややシャキシャキのレタス	シャキシャキのレタス
男性	5.0	9.6	19.6	30.6	35.2
女性	3.2	5.6	10.4	39.0	41.8

［高品質な牡蠣／殻からこぼれおちそうな、プリプリの牡蠣］のどちらに魅力を感じますか。 （%）

	高品質な牡蠣	やや高品質な牡蠣	どちらともいえない	ややプリプリの牡蠣	プリプリの牡蠣
男性	7.8	12.0	29.0	23.6	27.6
女性	5.8	9.4	17.4	32.0	35.4

［高品質なシフォンケーキ／フワフワで、しっとりしたシフォンケーキ］のどちらに魅力を感じますか。 （%）

	高品質なシフォンケーキ	やや高品質なシフォンケーキ	どちらともいえない	ややしっとりしたシフォンケーキ	しっとりしたシフォンケーキ
男性	6.0	11.4	27.6	25.2	29.8
女性	4.2	5.8	12.0	33.0	45.0

（出所）全国1000人消費者調査（2015年11月）

表3－4を見てほしい。

男性より女性の方が、「みずみずしくて、シャキシャキのレタス」「殻からこぼれおちそうな、プリプリの牡蠣」「フワフワで、しっとりしたシフォンケーキ」という表現に魅力を感じていることが分かる。

「名詞」で語る男性、「形容詞」で語る女性

食の表現方法にも、男女間に違いが見られるようである。あなたは、次の文の空欄にどのような言葉を入れるだろうか。

雨の日に、［　　　］を食べたくなる

もし、あなたが「男性」なら、具体的な「食べ物の名前」を入れる可能性が高い。「女性」だとすれば、「形容詞（を利用した言葉）」を入れる可能性が高い。

実際に調べてみると、男性は「ラーメン」「うどん」「そば」など〝名詞（食べ物の名前）〟をストレートに空欄に入れる傾向が強いことが分かる。

一方、女性は「温かいもの」「甘いもの」「さっぱりしたもの」など〝形容詞〟を利用して表現する傾向がみられる。

効果的な「言える化」のためには、こういった男女差も考慮していくことが必要であろう。

④「物語」で知覚品質が高まる

農産物に、消費者の共感を生むストーリーがあると、知覚品質の向上が期待できる。「もの」ではなく、「ものがたり」で買い手の心に訴求しよう。

その農産物には、どのような歴史があり、どのような人が、どのような思いで、どのような場所で、どのような方法でつくっているのか。どのような苦労があったのか……

こういったストーリーを、できるだけシンプルかつインパクトを持つように伝えていくのである。

ここで、「物語」による知覚品質の向上効果の実験結果を紹介しよう。

具体的には、物語の有無で「高品質リンゴジャム」に支払う価格が変化するのかを調べた。

図3－7：「物語」による知覚品質の向上

Aグループ（回答者の50％）

「高品質リンゴジャム」

リンゴ一筋30年の農家、青森県津軽平野の山田さんにお願いして、樹上甘熟りんごを使い、ゆっくりと時間をかけ、手作りで仕上げました。

Bグループ（回答者の50％）

「高品質リンゴジャム」

（物語なし）

Aグループ（ストーリーの表示有）	818円
Bグループ（ストーリーの表示なし）	759円

（出所）全国消費者1000人調査（2014年8月）

回答者をランダムに2組に分け、Aグループには商品名と「物語」を表示して、Bグループには商品名のみを表示した。両グループが見た写真はまったく同じである（図3－7）。

結果はどうだったか。

Aグループ（物語あり）が評価したリンゴジャムの平均価格は「818円」である。一方、Bグループ（物語なし）は「759円」である。物語の有無で、支払許容価格に統計的に有意な差が生まれるということだ。

⑤「掛け算」で知覚品質が高まる

「何と一緒に売るのか」によっても、「知覚品質」は変化する。農産物単独ではなく、「農産物×α」という〝掛け算〟の発想が大切だとい

図3－8：「掛け算」による知覚品質の向上

Aグループ（回答者の50％）

Bグループ（回答者の50％）

Aグループ（隣にしいたけ）	緑茶1杯	274円
Bグループ（隣に和菓子）	緑茶1杯	330円

（出所）岩崎『引き算する勇気――会社を強くする逆転発想』

うことだ。

ここで、緑茶を利用した実験結果を紹介しよう。

全国1000人の消費者に、「緑茶」を緑茶カフェで飲むとすると、いくらまで支払うかを聞いた。

回答者をランダムに2組に分け、Aグループには緑茶の写真の隣に「しいたけ」の写真を表示し、Bグループには緑茶の隣に「和菓子」の写真を表示した（図3－8）。

緑茶の写真は、見ての通り、両グループともまったく同じである。

さて、実験結果はどうだったか。

Aグループでは、消費者が評価した緑茶1杯の平均価格は「274円」である。一方、Bグループは「330円」である。

隣に何があるかで、支払許容価格になんと2割もの違いが生まれるということだ。

なぜ、このような「知覚品質」の差異が生まれるのであろうか。

Aグループの「緑茶」と「しいたけ」は、乾物という「モノ」つながりの品ぞろえである。一方、Bグループの緑茶と和菓子は、緑茶のあるくつろぎの時間という「コト」つながりである。

消費者の食べるシーンをイメージし、「コト」つながりで農産物を提示すると「知覚品質」

図3－9：陳列による知覚品質の向上

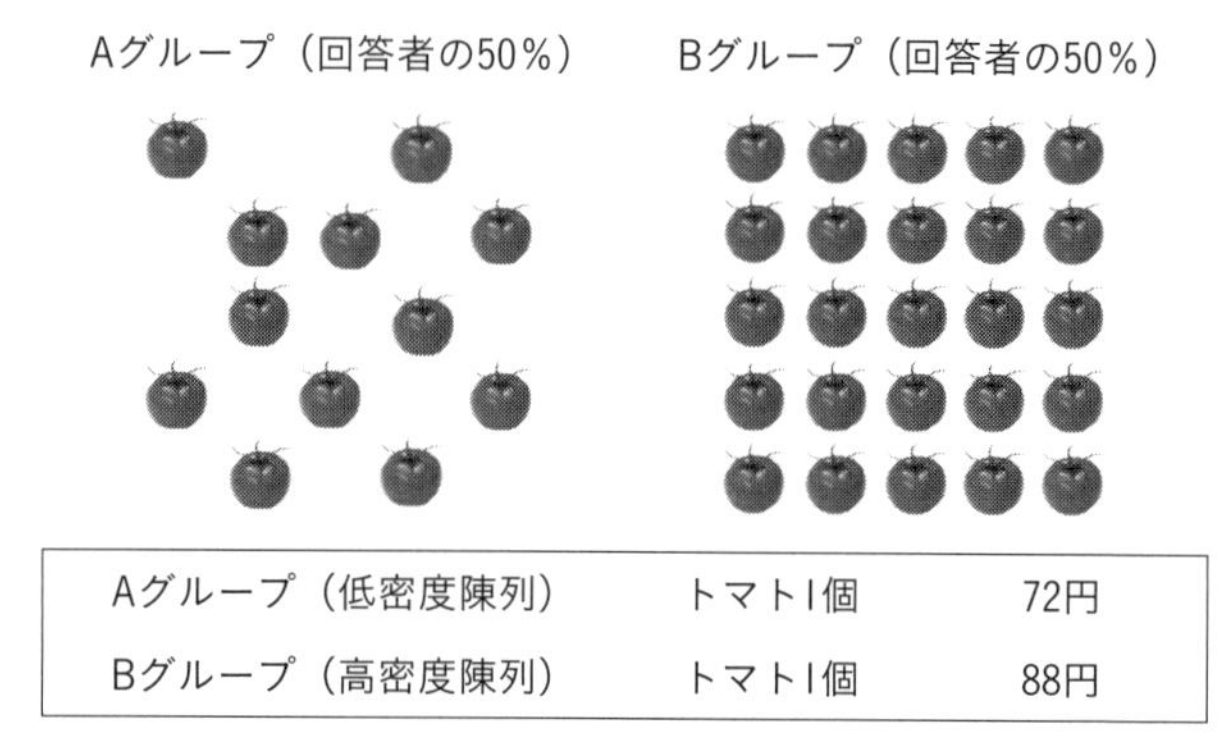

Aグループ（低密度陳列）	トマト1個	72円
Bグループ（高密度陳列）	トマト1個	88円

（出所）全国消費者1000人調査（2016年6月）

の向上が期待できることが示唆される。

「モノ」ではなく、「コト」を提案して、消費者の需要を喚起していこう。

⑥「陳列」で知覚品質が高まる

同じ農産物であっても、並べ方次第で、知覚品質は変化する。

実験結果を見てみよう。

全国1000人の消費者に、「トマト」1個当たりに、いくらまで支払っていいと思うかを聞いた。回答者をランダムに2組に分け、Aグループには「低密度に陳列したトマト」の写真を表示し、Bグループには「高密度に陳列したトマトの写真」を表示した（図3－9）。

結果を見てみよう。

Aグループでは、消費者が評価したトマト1個の平均価格は「72円」である。一方、Bグループは「88円」である。同じトマトなのに陳列の密度の違いだけで2割以上の違いが生まれている。

Bグループが見た写真のように、トマトを高密度で提示した方が、知覚品質が高まるということだ。農産物の「ボリューム陳列」の効果を示唆する結果である。バラバラに少量陳列するよりも、棚一杯に大量陳列した方が買いたい気持ちが喚起されるということだ。棚に商品があふれる「朝の農産物直売所」は、なぜ売上が好調なのか。逆に、棚に商品が少なくなった「午後の農産物直売所」でなぜ売上が落ちるのか。

陳列による知覚品質の影響もあるのだろう。

⑦「価格」で知覚品質が高まる

「まつたけは、なぜおいしいのか?」
「高級ワインは、なぜおいしいのか?」

その理由の1つは、価格が高いからだ。「高かろう、良かろう」。価格は、品質のバロメ

表3－5：「価格」による知覚品質の向上

提示価格	おいしい	やや おいしい	普通	あまり おいしくない	おいしく ない
100円	57.1%	28.6%	10.7%	3.6%	0.0%
5円	14.3%	35.7%	39.3%	7.1%	3.6%

（出所）岩崎『小さな会社を強くするブランドづくりの教科書』

ーターになる。

たとえば、消費者に、1本5000円のワインと5万円のワインを飲み比べてもらうと、そのほとんどが5万円のワインの方がおいしいと回答する。

だが、「目隠し」をして飲んでもらうと状況は一変する。5000円のワインの方がおいしいという人が一気に増える。

価格が味を変える

ここで、「価格」と「知覚品質」との関係を探るために行った実験を紹介しよう。

消費者に2杯の緑茶を飲んでもらい、味の評価を依頼した。1杯は「100円」分の茶葉を利用して淹れたと伝え、もう1杯は「5円」分の茶葉を利用して淹れたと伝えた。

実は、この2杯の緑茶は、まったく同じ茶葉を利用し、同時に淹れたものであり、味には違いがない。

にもかかわらず、「100円」と聞いたときには全体の57・1%

が「おいしい」と答え、「5円」と聞いたときに「おいしい」と回答したのはわずか14・3％である（表3－5）。

この結果は何を意味するのか。

そう、「価格が味を変えてしまう」ということだ。

とくに、ワインやお茶など嗜好性のある商品、健康食品など消費者の品質判断力が弱い商品、贈答分野の商品などには、この傾向がみられる。

そう考えると、「高いから売れない」「安くすれば売れるはずだ」という発想は、短絡的だということだろう。顧客が求めるのは、「安い価格」でなく、「高い価値」なのである。

第4章

うまくいっている農家にはどのような特徴があるのか

前章では、消費者データを用いて、どうすれば消費者の知覚品質が高まり、買いたい気持ちを喚起できるのかについて検討した。

本章では、農業者のマーケティングに関する調査データを利用して、どのような農業者が好業績をあげているのかをみていこう。

同じ農業の世界でも、業績が好調な生産者もいれば、不振な生産者もいる。では、農業者の業績の違いは何によって生まれているのだろうか。好業績の農業者には何か共通点があるのだろうか。

好業績な農業者に共通する特性が分かれば、効果的なマーケティングの方向性がみえてくるはずだ。

469の農業者を調査

本章で利用した調査は、全国の農業者を対象に実施したものである。469の農業者から回答を得た（調査概要は、既出の表2－1の（注）を参照）。

この調査では、農業者に「マーケティング」や「業績」に関する質問を行い、どのようなマーケティングを行っている農業者が、好業績をあげているのかを探ることにした（図

図4－1：どのような項目が、農業者の業績に影響を与えているのだろうか

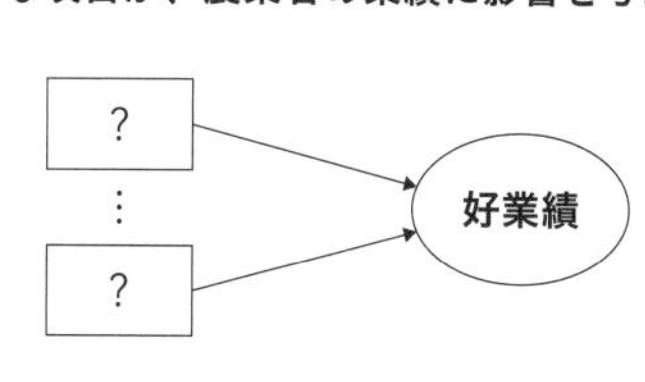

4－1）。

マーケティングに関連する質問項目は、

「顧客ターゲットを明確に設定している」

「商品の加工販売（六次産業化）に力を入れている」

「品質に自信を持っている」

「技術力は高い」

「消費者と交流をしている、消費者の声を聞いている」

などの合計39項目である。各項目に対して、「その通り」(5)～「違う」(1)までの5ポイントスケールで評価をしてもらった。

業績に関連する質問項目は、
「現在の業況」（とても好調(5)～非常に不振(1)　とする5ポイントスケール）
「売上推移」（3年前との比較で「10%以上増加」(5)～「10%以上減少」(1)　とする5ポイントスケール）
「農業収益」（直近決算時が黒字(5)～赤字(1)とする5ポイントスケー

ル）の3項目である。このデータを利用し、主成分分析という統計手法で「業績スコア」を測定した（図4－2）。

業績に影響を与える項目の抽出は、重回帰分析という手法を利用した。具体的には、業績スコアを「従属変数」とし、マーケティングに関する項目を「独立変数」とする重回帰分析（ステップワイズ法）である。

ステップワイズ法とは、複数の独立変数から、従属変数（ここでは業績スコア）に統計的に有意な変数を抽出するための方法である。

好業績に影響を及ぼす要因

では、マーケティングに関連して、どのような要因が農業者の業績に影響を与えているのだろうか。

分析結果を見てみよう。

図4－3に示した通り、農業者の業績に影響を及ぼす要因として、6つの変数が浮かび

図4－2：業績の測定

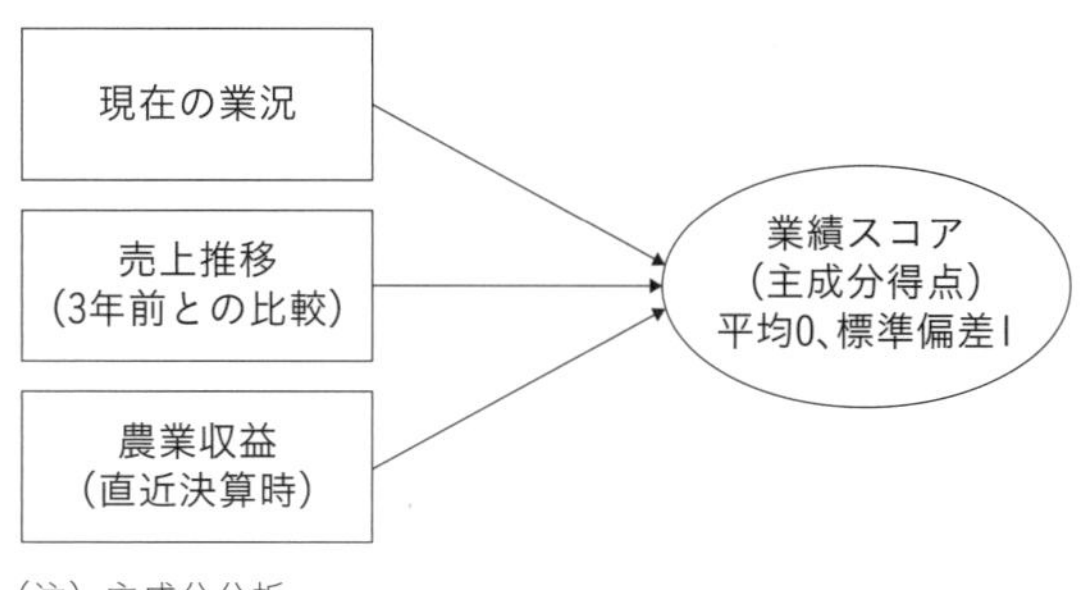

（注）主成分分析

図4－3：好業績な農業者の特徴

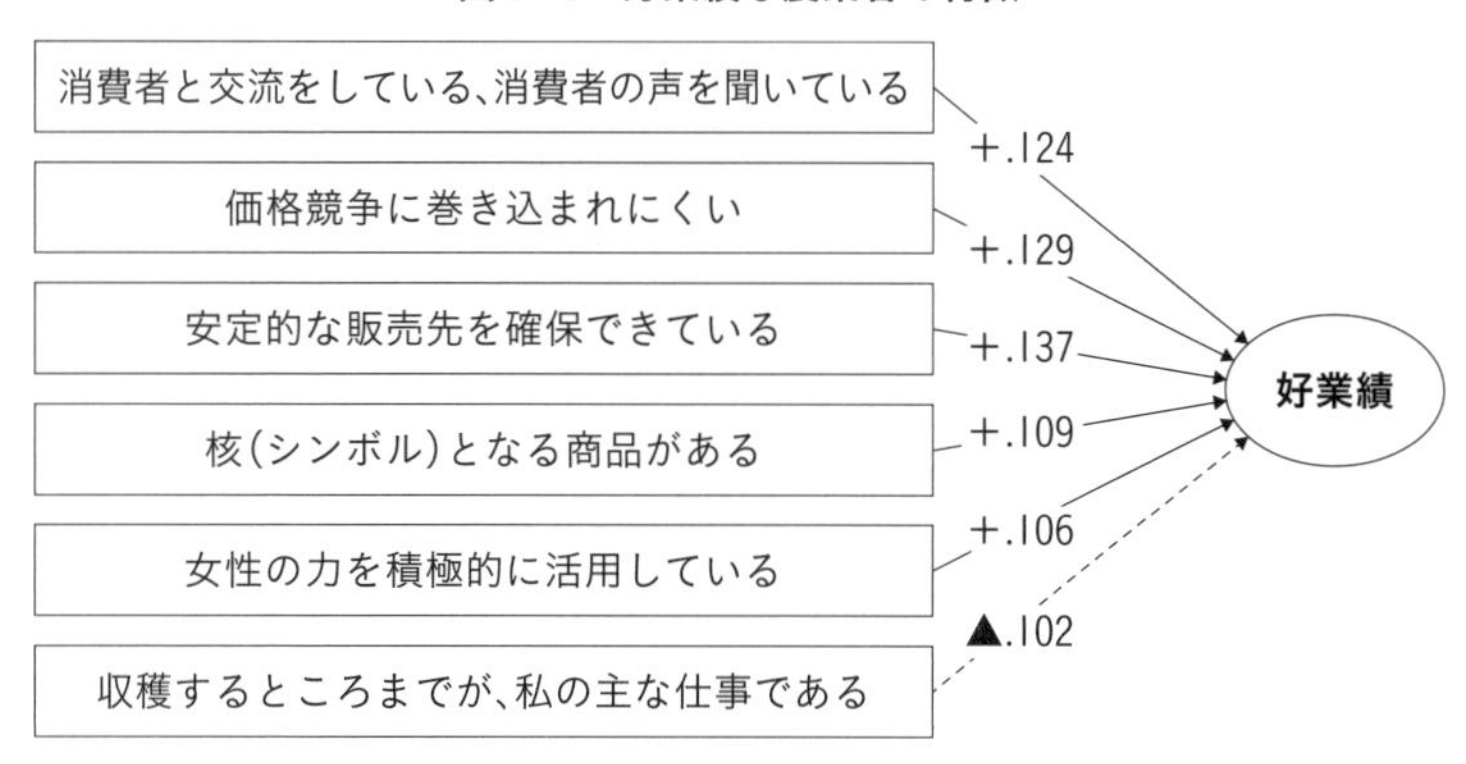

（注1）数字は「業績」への影響度（標準化回帰係数）。
（注2）点線は、負の関係を示す。
（出所）全国農業者調査（n＝469）（2016年2月）

上がってきた。

業績にプラスの影響を及ぼしている変数は、

「消費者と交流をしている、消費者の声を聞いている」

「価格競争に巻き込まれにくい」

「安定的な販売先を確保できている」

「核（シンボル）となる商品がある」

「女性の力を積極的に活用している」

の5つであった。

一方、業績にマイナスの影響を及ぼしている変数として、「農畜産物を収穫するところまでが、私の主な仕事である」が抽出された。

好業績の農業者の特徴

以下、農業者の業績に影響を与える個々の項目について、具体的に見ていこう。

① 消費者と交流をしている、消費者の声を聞いている

消費者と交流し、消費者の声を聞いている農業者ほど、好業績である（図4－4）。生産者が消費者と同じ方向を見る「マーケティング志向」の重要性を示す結果である。

具体的に、生産者が消費者と交流し、声を聞く場面は多様だろう。たとえば、直売所、食のイベント、農業体験、農家レストラン、農園カフェ、消費者モニターの活用、アンケート調査の実施、さらにはインターネット上のコミュニケーションなど様々な接点が考えられる。

生産者は、消費者と交流することによって、消費者の目線を実感できるはずだ。消費者の声からは、マーケティングのヒントを得ることもできるかもしれない。消費者から直接聞く「おいしかった！」の一言は、生産者のモチベーションを高め、生産者の満足度を高めるだろう。

生産者との交流は、消費者側にも変化をもたらす。

生産者と交流することによって、消費者の頭の中には、その生産者の農産物のブランド・イメージが刻まれる。その商品に対する購買意欲も喚起される。生産者との距離が縮まることによって、積極的に口コミをしてくれるかもしれない。

図4－4：「消費者と交流をしている、消費者の声を聞いている」と「業績」との関係

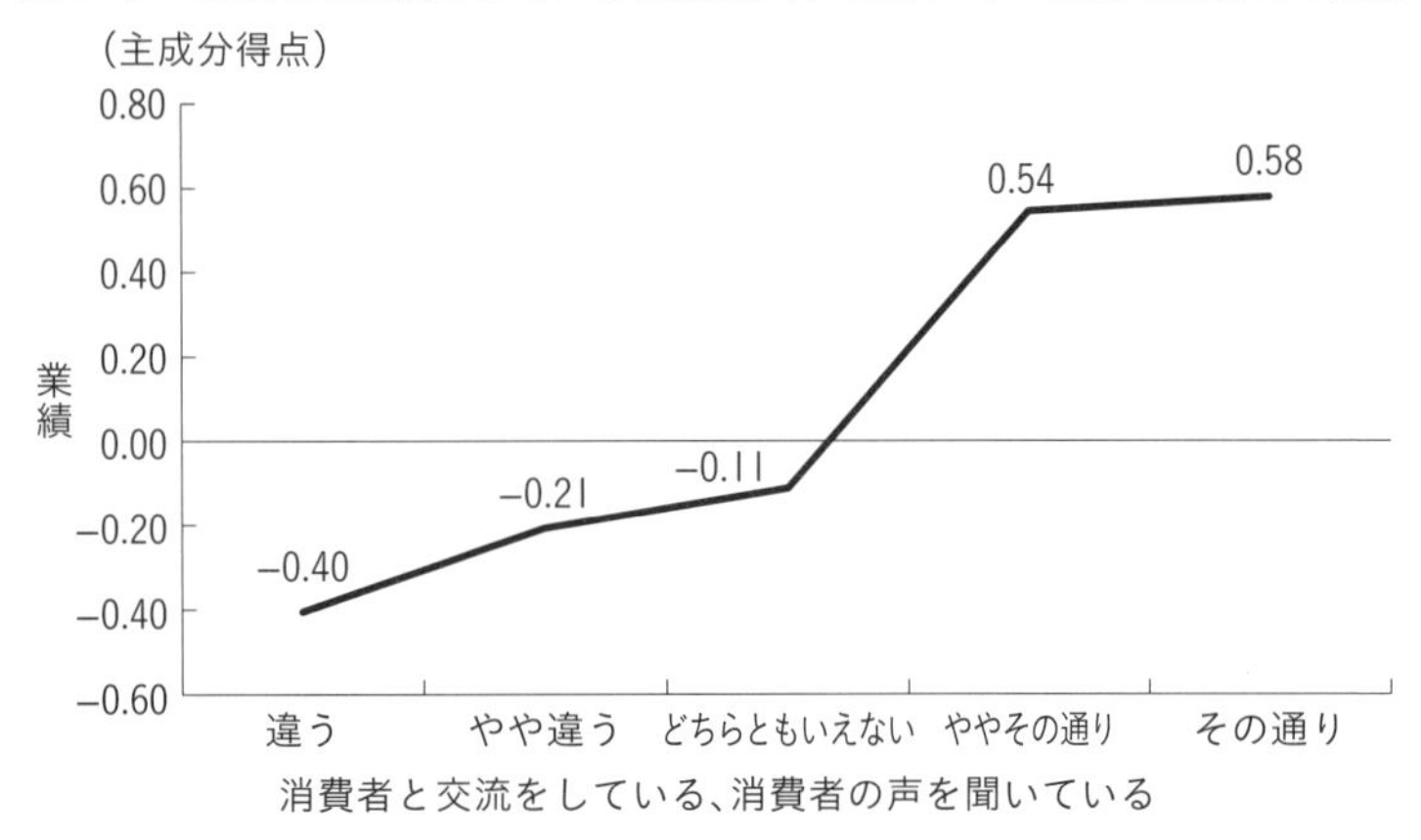

（注）業績は「現在の業況」「売上推移」「農業収益」の3変数の主成分得点（平均値＝0、標準偏差＝1）
（出所）図4－3と同じ

図4－5：「価格競争に巻き込まれにくい」と「業績」との関係

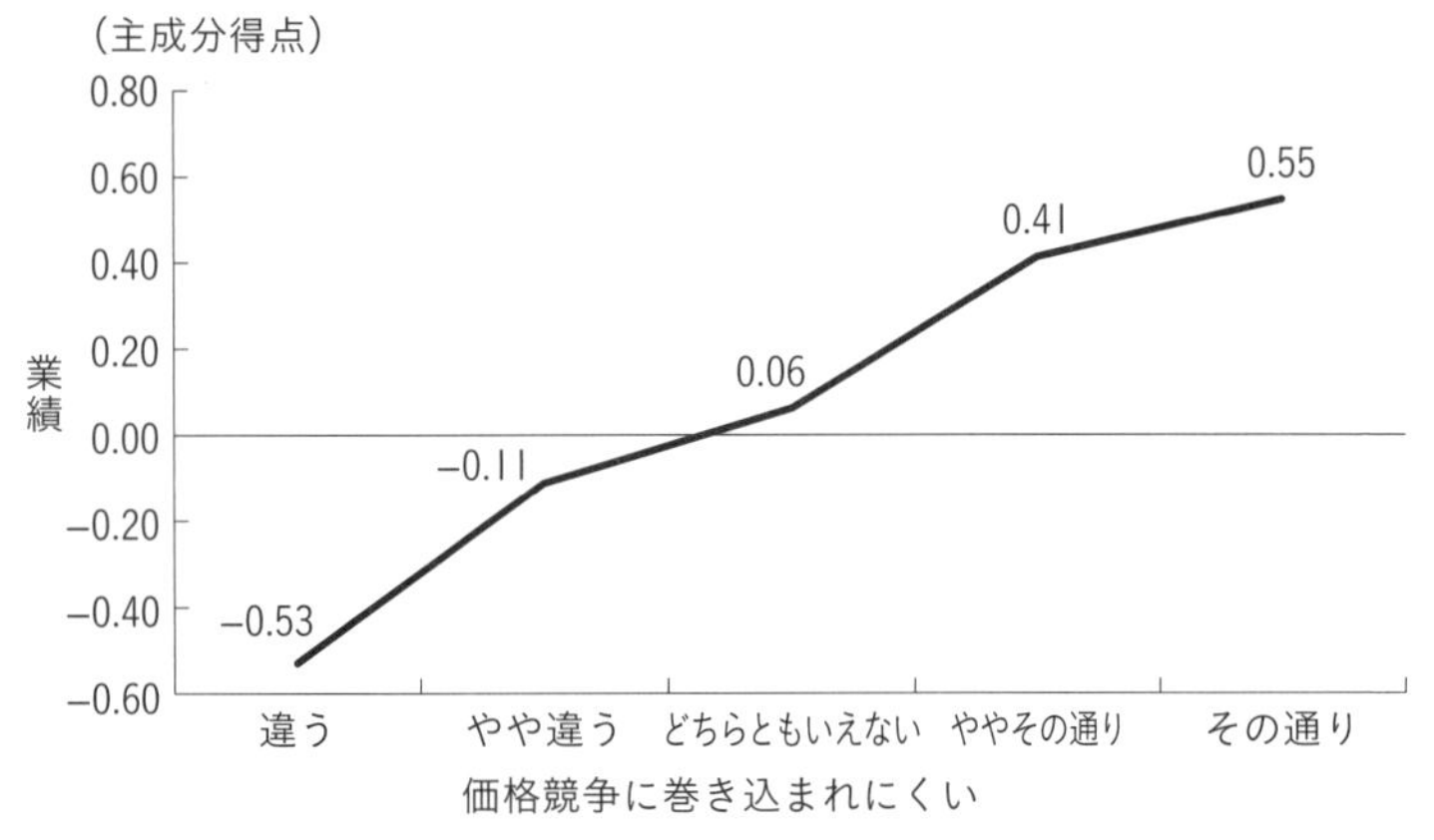

（注）図4－4と同じ
（出所）図4－3と同じ

②　価格競争に巻き込まれにくい

価格競争に巻き込まれにくい農業者ほど、好業績である（図４－５）。

実際に、元気な農業者からは、「価格決定にかかわることができる」「自分で価格を決められる」といった言葉を聞くことが多い。

裏を返せば、好業績の農業者は「価格の安さ以外の魅力で消費者をひきつけている」ということだ。

では、どうすれば価格競争に巻き込まれにくくなるのだろうか。

今回実施した調査では「価格競争に巻き込まれにくい」と回答した農業者に、その理由を具体的に聞いている。代表的な意見とともに、農業者自身が認識する「価格競争に巻き込まれないためのポイント」をまとめてみよう。

【なぜ、価格競争に巻き込まれにくいのか――農業者の声の集約結果】

- 競合が少ない　「同じ地域に同じものを扱っている同業者がいない」
- 消費者との信頼関係　「消費者との信頼関係が強い」
- 地域性　「他の地域では、同じものが作りにくい」
- 直販・販路の確保　「販路がしっかりしている」「直売所で直接販売している」

図4－6：「安定的な販売先を確保できている」と「業績」との関係

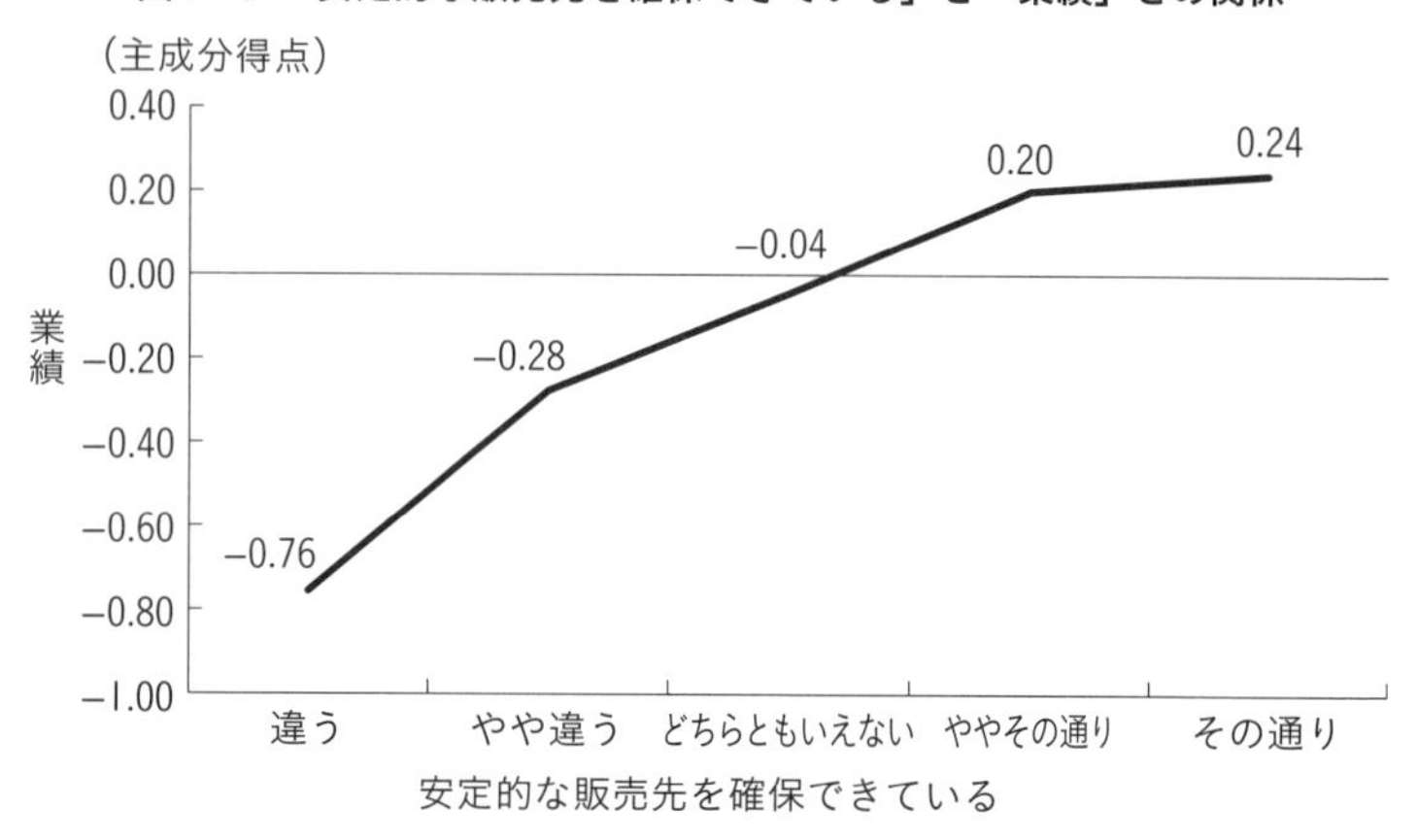

（注）図4－4と同じ
（出所）図4－3と同じ

図4－7：「核となる商品がある」と「業績」との関係

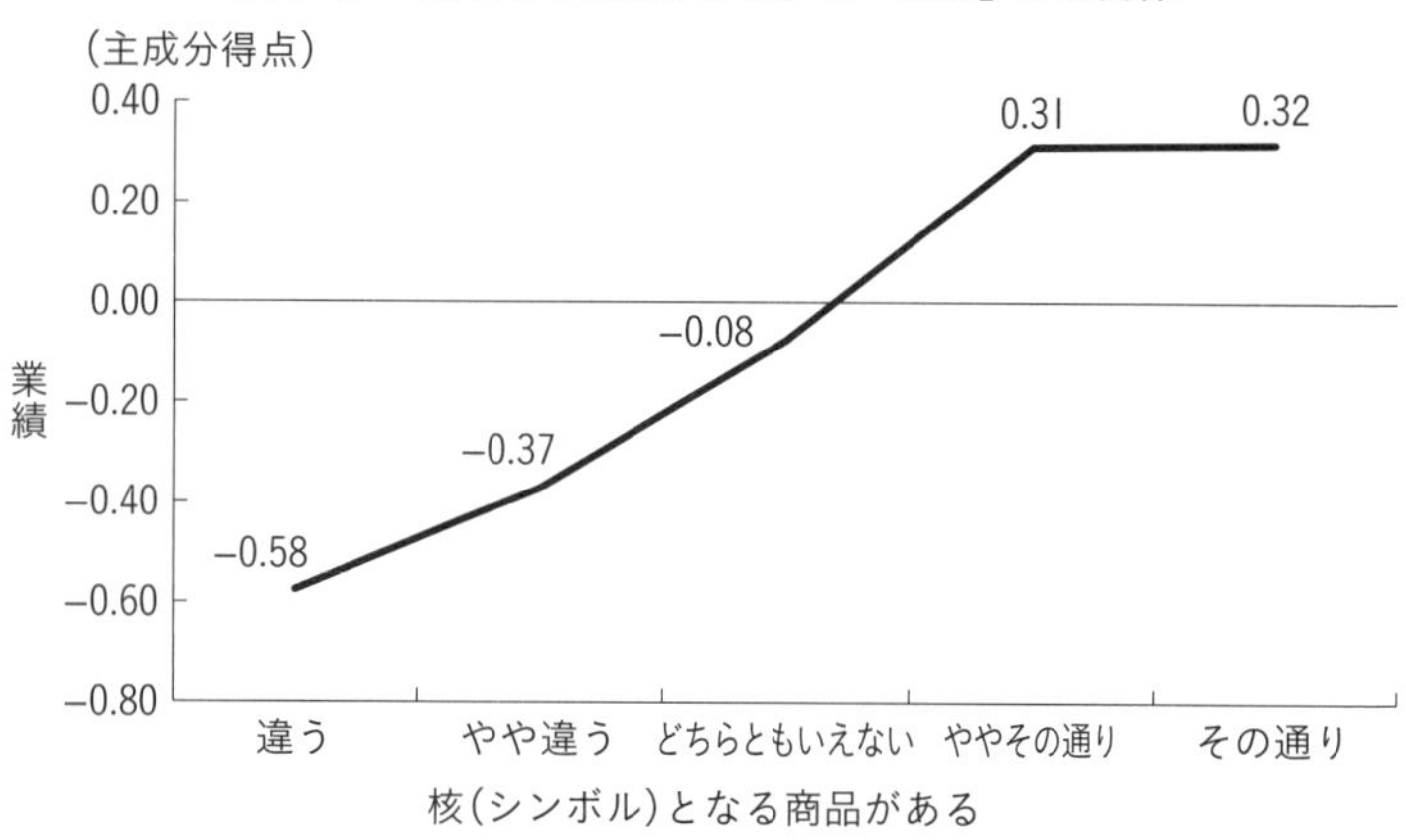

（注）図4－4と同じ
（出所）図4－3と同じ

●独自性　「独自の栽培技術がある」「ニッチな作物を扱っている」
●品質の高さ　「味が良いので、指名買いが多く、高めの価格設定でも販売できる」
●ブランド力　「ブランド化に成功している」

③ 安定的な販売先を確保できている

安定的な販売先を確保している農業者ほど、業績が良い（図4－6）。好業績の農業者は、「出口戦略」にも力を入れているということだ。

「自分が生産した農作物が、どこで、どのように売られているのかを知らない」ようでは、農業経営はうまくいかない。好業績の農業者は、農産物を「つくる」だけではなく、「いかに顧客に届けるのか」も考えている。

農業者にとって、顧客は消費者だけでない。どうしたら流通が取り扱いたくなる商品になるか、どうしたら飲食店やシェフがメニューに利用したくなるか、といった視点も欠かせないだろう。

「業績が好調」と回答する農業者からは、

「流通業が売りたくなるものをつくる」

「流通業との連携が有効」

「生産と流通対策との連動が不可欠」

という意見も寄せられている。

いずれにしても、販路について他人任せにせず、生産者自身が直接的もしくは間接的に関与していくことが大切なのである。

④ 核（シンボル）となる商品がある

核となる商品、シンボル的な商品がある農業者ほど業績が良い（図4－7）。平均的な商品をたくさん有するより、1つでも明らかに優れた商品をつくることが効果的だということだ。

核となる商品があれば、顧客の頭の中にイメージが湧きやすくなる。顧客の頭にイメージが湧けば買いたい気持ちが喚起される。

また、何かが突出して優れていると、他の面でも優れているとみなされやすい。突出した商品があれば、欠点も補ってくれる。「ハロー効果」と呼ばれる現象だ。

逆に、「いろいろあります」「たくさんあります」では、消費者の頭にイメージが湧かない。イメージが湧かなければ、消費者からは選ばれにくくなる。

あなたのシンボルとなる商品は何だろうか。ターゲット顧客は、何をあなたの核商品と認識しているだろうか。

（自社名）といえば、［　　　　］である。

この文の空欄に言葉を入れてみよう。顧客にも、空欄を埋めてもらおう。自分も顧客も同じような言葉を入れたとしたら、良い傾向だ。もし、自分と顧客の言葉が違っていたり、回答に苦慮するようであれば要注意かもしれない。「シンボルは何か」を明確にしていこう。

⑤ 女性の力を積極的に活用している

農業の分野でも、女性が重要な役割を果たすようになってきている。好業績な農業者の多くで、女性が活躍し、輝いている。このことは、データを見ても明らかだ。女性の力を積極的に活用している農業者ほど、業績は良好である（図４－８）。

今日の我が国には、良い農産物がたくさんある。21世紀の農業は、単純な「良い悪い」

図4－8：「女性の力を積極的に活用している」と「業績」との関係

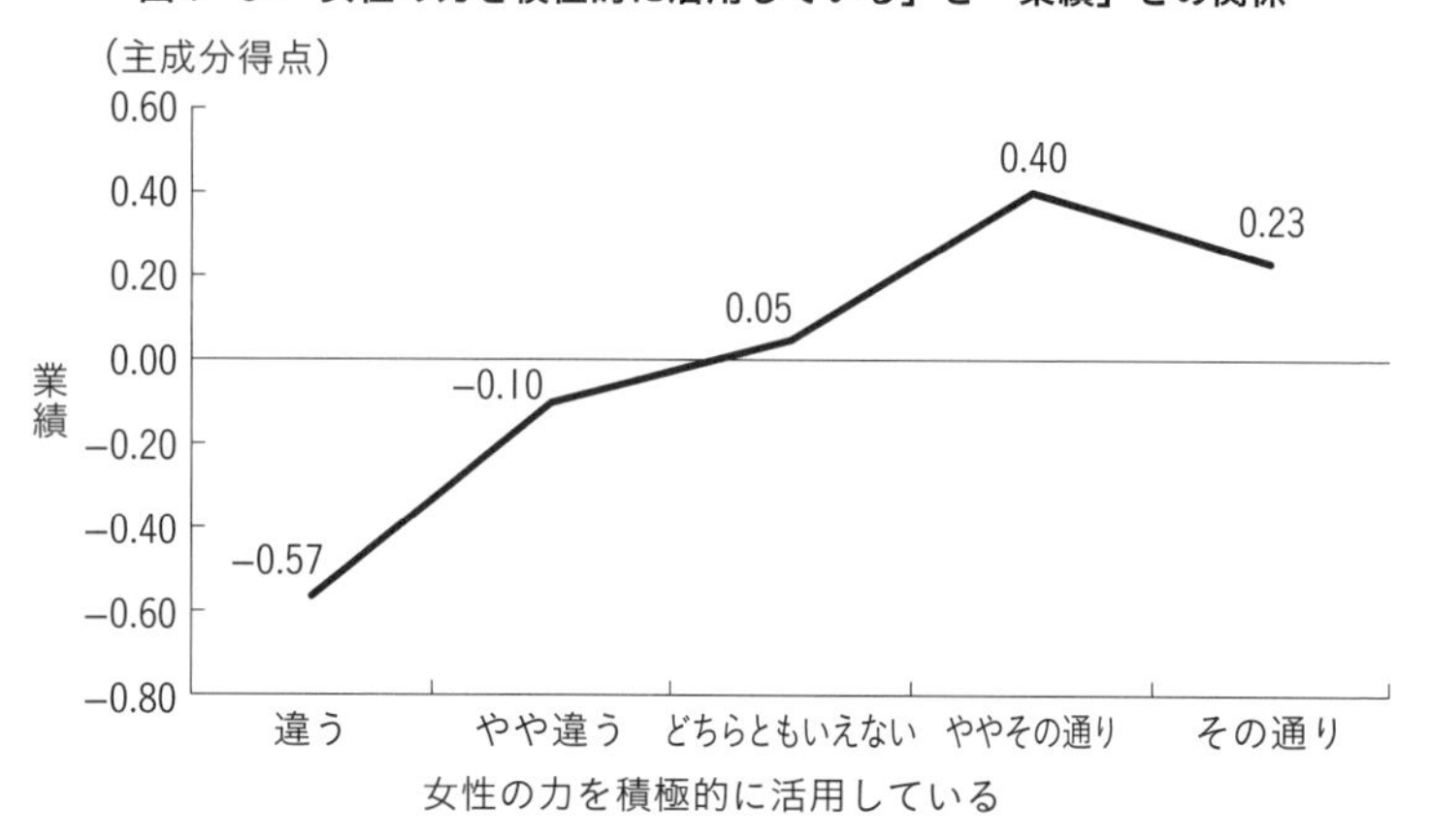

（注）図4－4と同じ
（出所）図4－3と同じ

図4－9：「農産物を収穫するところまでが主な仕事」と考えている農業者は業績が悪い

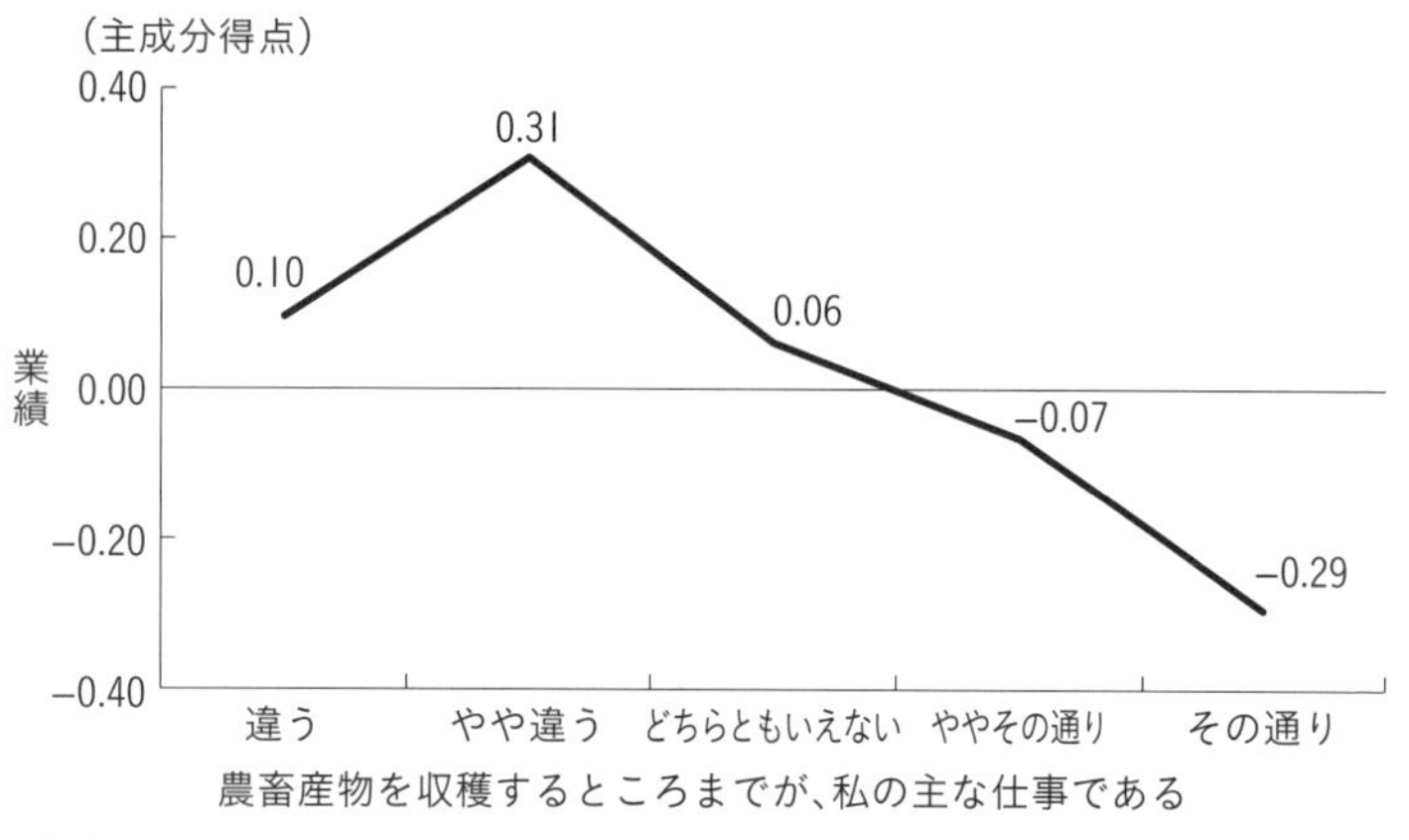

（注）図4－4と同じ
（出所）図4－3と同じ

の勝負ではなく、「好き嫌い」の勝負でもある。顧客の「頭」に訴えるだけでなく、「心」にも訴える農産物が求められているということだ。

「好」と「嫌」の漢字をよく見てほしい。2つの字の共通点は何だろうか。

そう、いずれも、「女」偏である。これからの農業では、ますます女性が活躍する場面が広がっていくだろう。

⑥「農産物を収穫するところまでが主な仕事」とは考えていない

「農産物を収穫するところまでが主な仕事」と考えている農業者ほど、業績が悪い（図4−9）。

自らが生産した農産物が、どこで、どのように売られているのか。誰が、どのように食べているのか、まったく知らないという生産者もいるが、おそらくその多くは業績が不振のはずである。

21世紀の農業は、「収穫したら終わり」ではない。収穫してからが「第二のスタート」だ。農産物の価値が生まれるのは、農場ではなく、食事の場である。優れた農業者は、生産とマーケティング戦略の両方に通じ、かつそれを有機的につなぐことができている。

第5章

どうやって強いブランドをつくるか

ブランド化とは何か？

ブランドは、「マーケティングにおける最強の武器」とも言われる。最近、新聞などで、「農産物をブランド化」といった見出しを見かけることが多くなった。

しかし、記事をよく読んでみると、その中身は、単なる新商品開発であったり、プロモーション事業、認証制度、ネーミング統一、商標登録であったりするケースも見られる。

農業の現場においても、「ブランド化が大切だ」「ブランドを活かした戦略的な展開」「ブランド化プロジェクト」という言葉を頻繁に聞くようになった。

だが、現実の取り組みを見ると、単なる販売促進活動や新商品開発であったり、ロゴ作成、パッケージのデザインにとどまるケースも少なくない。

「ブランド」というカタカナ語は、耳あたりの良い言葉だ。「ブランド化」と聞くと、何となく分かったような気になる。

「ブランド化とは何ですか？」

全国各地のブランド化プロジェクトなどにおいて、参加者の方々に質問すると、多くの人は言葉に詰まってしまう。回答が出てきたとしても、ブランドの捉え方は人によって千差万別だ。

ブランドづくりにおいて、「何となく分かったような気になる」という状態は極めて危険である。同床異夢の状態では、適切な意思疎通ができないからだ。

ブランドづくりに成功するための第一歩は、「ブランドとは何か」について、メンバーのベクトルあわせをすることである。

では、ブランド化とは何か。以下、検討していこう。

ブランドは「品質」を超える

ここで質問。

ここに、まったく同じ価格、同じ品質の２枚のうどんがあるとしよう。１つには、「かながわのうどん」と書いてある。もう１つには「かがわのうどん」と書いてある。

あなたは、どちらのうどんを選ぶだろうか。繰り返すが、価格、品質はまったく同じだ。

全国の消費者に聞いてみた。結果は表５−１に示したとおりである。

まったく同じ品質と価格にもかかわらず、９割以上の人が「かがわのうどん」を選ぶ。

「かながわのうどん」

「かがわのうどん」

表5－1：かながわのうどん vs. かがわのうどん

「かながわ」のうどんに魅力を感じる	「かがわ」のうどんに魅力を感じる
171人	1829人

（出所）全国消費者2000人調査（2017年2月）

図5－1：ブランドは「とんがり」

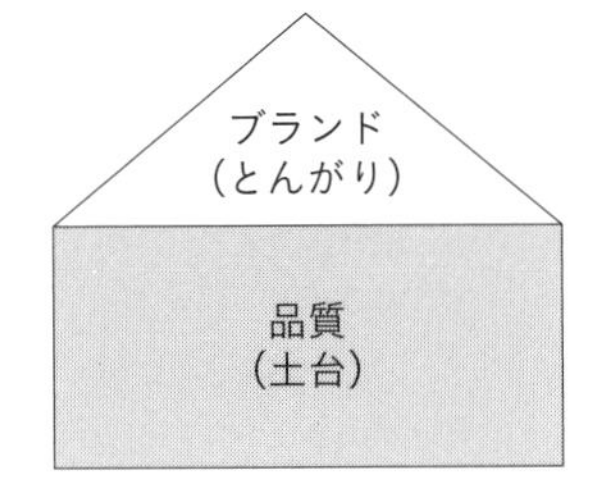

「かながわのうどん」から「な」の1文字を取るだけで、集客力は一気に10倍になるということだ。

これがブランドの力である。

ブランドは「品質」や「価格」を超える。まったく同じ品質であったとしても、選ばれるものと選ばれないものがある。選ばれるのは、強いブランドだ。

モノづくり ≠ ブランドづくり

「良いものを作っていれば、あとは黙っていても、消費者が評価してくれる」

生産者の方から、このような言葉を聞くことがある。もちろん、「良いもの」をつくることは、とても重要だ。自分が納得できる農産物を追求するという姿勢は大切である。

だが、日本中に良い農産物がたくさんある今日、生産者目線の品質だけでは選ばれないことも事実だ。選ばれるためには、品質を超えた「何か」が欠かせない。

では、品質を超えた「何か」とは何か。

それが、「ブランド」である。

「ブランドづくり」は、「モノづくり」を超えるということだ。図にするとイメージしやすいかもしれない。図5－1に示したように、ブランドとは、品質を超えた「とんがり」である。

ブランドで表面をつくろうことはできない

「ブランドで表面をつくろうのではなく、中身が大切だ」

このように言う人がいるが、この意見は間違っている。なぜなら、ブランドづくりとは、決して「表面をつくろうものではない」からである。

そもそも、品質そのものが低ければ、いくら努力してもブランドにはならない。「石」をいくら磨いても「石」のままだ。決して「ダイヤモンド」にはならないのと同様だ。

品質の良さは、ブランドづくりの前提である。全国各地には、品質は優れているがブランドになりきれない「ダイヤモンドの原石」がたくさんある。ダイヤモンドの原石を磨き、輝くダイヤモンドにする。

これがブランドづくりである。

ブランド力を評価する方法

あなたの商品や産地が、現時点で「ブランド」か、それとも「単なる名前」かを判断する方法を2つ紹介しよう。

① 名前の後ろに、「らしさ」という言葉をつけてみる

顧客（買い手）の多くが「……らしさ」を、何かしらの肯定的な言葉で表現することができれば、それは「ブランド」である。

分かりやすい例として、地域ブランドをとりあげよう。

たとえば、「京都」「北海道」「埼玉」「栃木」。いずれの地域にも、素晴らしい地域資源があるが、ブランド力には大きな違いがある。

「京都らしさ」「北海道らしさ」「埼玉らしさ」「栃木らしさ」。それぞれの「らしさ」を具体的な言葉にするとどうなるだろうか。

全国の消費者に聞いてみた。

「京都らしさ」と聞くと、多くの人は「和」「歴史」「伝統」など具体的な言葉で表現ができる。「北海道らしさ」と聞けば、「大自然」「食」「おいしそう」といった言葉が出てくる。

図5－2：「イメージが浮かぶ」と「行ってみたい」の関係

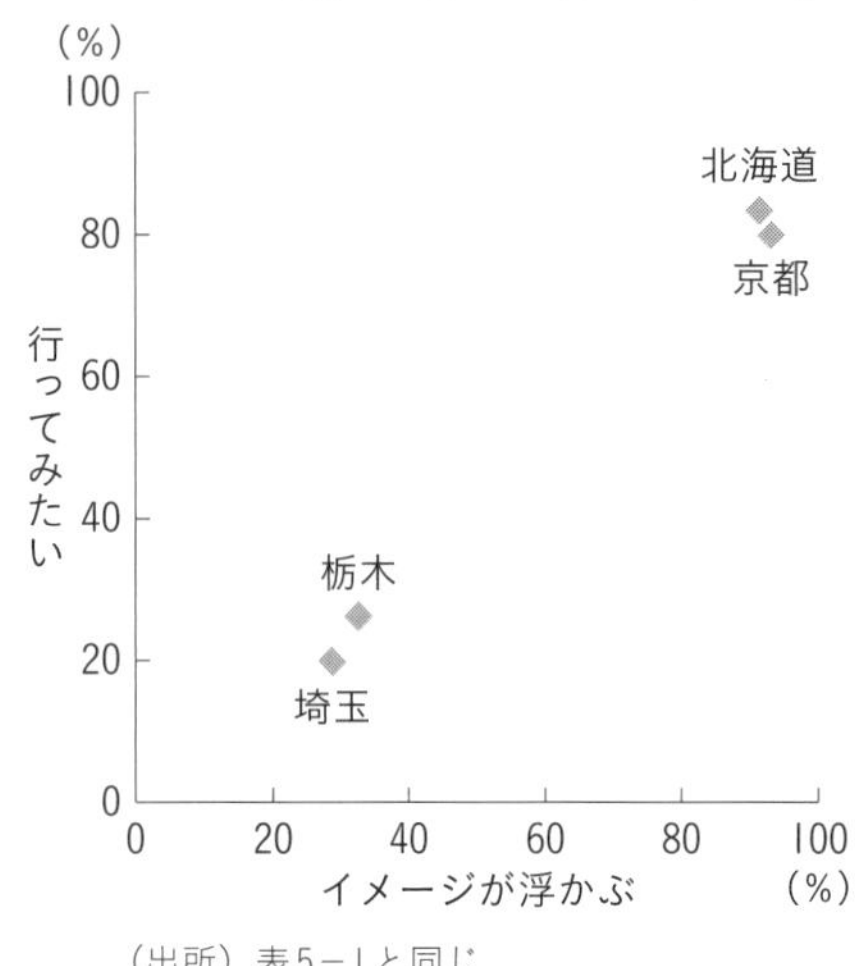

（出所）表5－1と同じ

「京都」「北海道」は、単なる地名を超えたブランドだ。

では、「埼玉らしさ」「栃木らしさ」はどうであろうか。聞いてみると、多くの人が「……」と言葉に詰まってしまう。

② 目を閉じて、頭にイメージを浮かべてみる

ブランドは、心の連想である。強いブランドは、目を閉じてそのブランドを思い浮かべたときに、何かしらの映像が頭の中のスクリーンに映し出される。

目を閉じて、「京都」「北海道」「埼玉」「栃木」の順番にイメージを頭に浮かべてみよう。それぞれどのような映像が浮かんできただろうか。

「京都」と聞くと「寺」や「歴史的な街並み」の映像が浮かんでくる。「北海道」と聞くと「大自然」「広大な風景」が浮かんでくる。全国の消費者に聞いたところ、回答者の9割以上が、京都、北海道ともに具体的な映像が浮かんできたと回答している（「京都」93・1％、「北海道」91・4％）。

一方、「埼玉」「栃木」については、イメージが浮かんだ回答者は、それぞれ28・6％、32・5％にとどまる。

図5－2をみてほしい。

この図は、「イメージが浮かぶ程度」と「行ってみたい程度」の関係をみたものであるが、両者にはきわめて強い相関がある。この結果は、何を意味するのか。

そう、「イメージが浮かばなければ、選ばれない」ということである。

なぜ、人は京都にひきつけられるのか。なぜ、人は北海道に行きたいと思うのか。それは、イメージが頭に浮かぶからだ。

だから、「そうだ 京都、行こう。」はロングランのキャンペーンになる。イメージが浮かぶから「行こう」と思えるのだ。

仮に「そうだ 北海道、行こう。」というキャンペーンがあったとしても、あまり違和感がないだろう。なぜなら、多くの人の頭に北海道のイメージが浮かぶからだ。

では、

「そうだ 埼玉、行こう。」

「そうだ 栃木、行こう。」

というキャンペーンはどうだろう。違和感を持つ人が多いのではないか。

具体的なイメージが浮かばなければ、行きたい気持ちは喚起されにくいということだ。

「ブランド」と「名前」の違い

ブランドは、買い手の頭の中に浮かぶイメージである。ここで検索エンジンを利用して、地名(京都、北海道、埼玉、栃木)の画像検索をしてみよう。

検索結果で上位に表示される画像が、多くの消費者が描いているイメージに近いはずだ。「京都」「北海道」を画像検索すると、いずれも〝その地域ならでは〟の写真が出てくる(図5－3)。地名を聞かなくても、写真をみるだけで、ほとんどの人がどの地域か分かるのではないか。〝らしさ〟が明確だ。

この結果からも、「京都」「北海道」は単なる地名を超えた、「ブランド」だといえるだろう。

図5−3：ブランドと地名の違い（1）

「京都」の画像検索——“京都ならではの写真”が出てくる

「北海道」の画像検索——“北海道ならではの写真”が出てくる

（出所）Yahoo! JAPAN 2017年4月13日検索

図5－4：ブランドと地名の違い（2）

「埼玉」の画像検索――“地図”が出てくる

ウェブ　画像　動画　辞書　知恵袋　地図　リアルタイム　一覧

埼玉

検索

「栃木」の画像検索――“地図”が出てくる

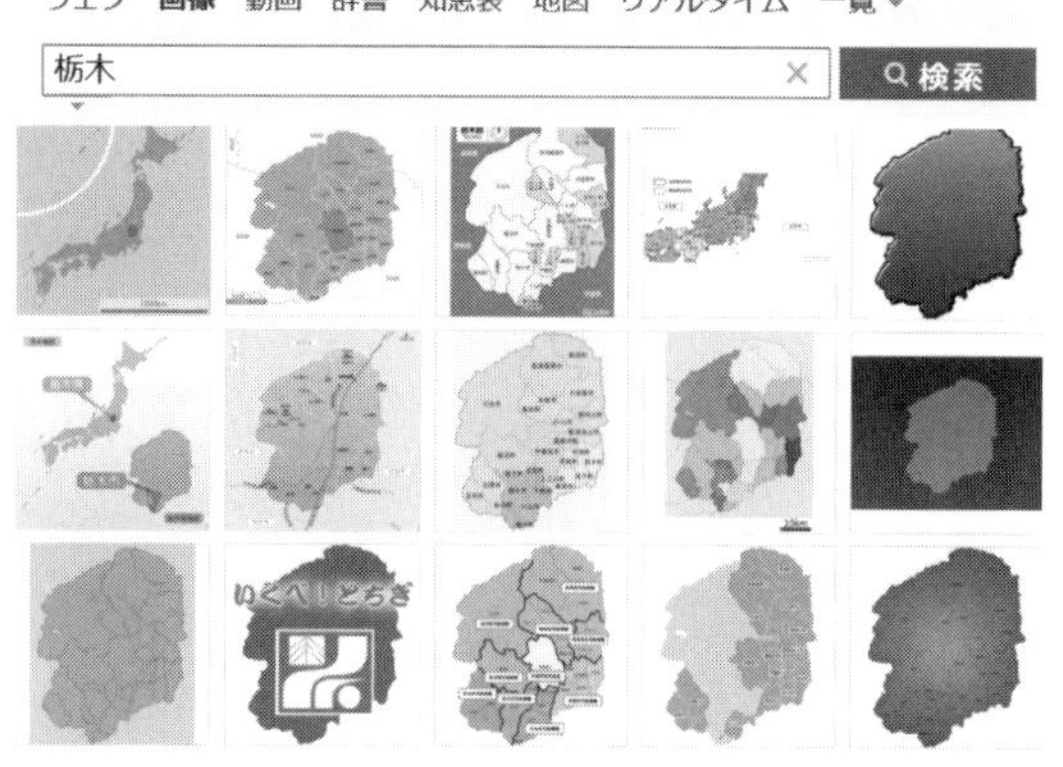

（出所）Yahoo! JAPAN 2017年4月13日検索

一方、「埼玉」「栃木」を画像検索すると、写真は一切出てこない。出てくるのは、すべて「地図」である（図５－４）。「埼玉」「栃木」は、ブランドというよりも、「地名」なのだろう。

ブランドに関する誤解

産地や農業の現場では、ブランドに関する勘違いや誤解も少なくない。ブランドに関する共通理解がなければ、ブランドづくりはうまくいかない。

ここでは、ブランドに関する「いくつかの誤解」を解いておこう。

①「知名度を高めれば、ブランドになる」という誤解

「知名度を高めて、ブランドをつくろう」という言葉を聞くことが多いが、「知名度＝ブランド」ではない。先ほど事例にとり上げた「埼玉」「栃木」を知らない日本人はいないだろう。両地域とも、知名度はほぼ１００％だ。

考えてほしい。実際、名前は知っているが、買いたいとは思わない商品、食べたくならない農産物、行きたいと思わない地域は、世の中にたくさんあるはずだ。

図5－5：「安心安全」の検索結果は、1億件を超える

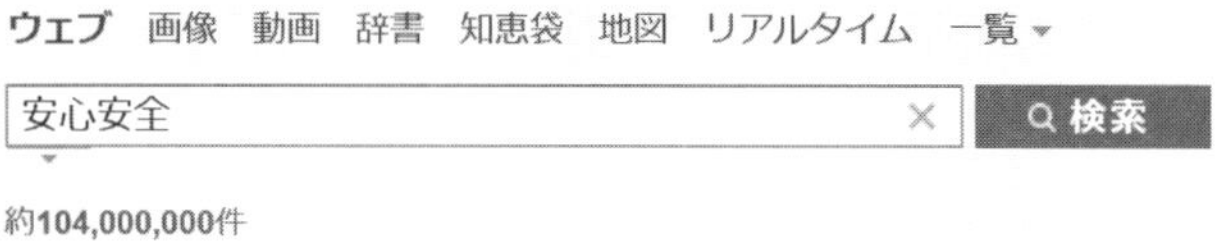

（出所）Yahoo! JAPAN 2017年6月14日検索

一方で、全国的な知名度はないものの、特定顧客層から圧倒的に支持を受けているブランドも存在する。

②「品質を高めれば、ブランドはできる」という誤解

各地で、「品質向上によるブランドの確立」「安心安全でブランド化」といったスローガンをみかけることがあるが、品質や安心安全だけではブランド化は難しい。

品質のよい農産物は、日本にはたくさんある。「安心安全」もあって当たり前の時代だ。ちなみに「安心安全」をネット検索してみたら、なんと1億件以上もヒットする（図5－5）。

品質や安心安全は、ブランドづくりの前提となる、いわば「土台」のようなものだ。土台が崩れれば、ブランドも崩れる。品質や安心安全に対する信頼を失えば、ブランドだけでなく、すべてを失う。

品質が低ければブランドにはならないが、品質が高いからといってブランドになるわけではないということだ。

③「広告宣伝費がないと、ブランドはできない」という誤解

「大企業とは違って、中小企業は広告宣伝費が少ないから、ブランドをつくることはできない」

このような意見を中小企業の経営者などから聞くことがあるが本当だろうか。

あなたが昨日見た広告で、今、具体的に覚えているものはいくつあるだろうか。実際に聞いてみると、１つも思い浮かばない人が多い。テレビなどのメディアで多くの広告に接触しているにもかかわらずだ。

広告を見るために、テレビを見る人はどれだけいるだろうか。そもそも、我々は広告を真剣に見ない。だから、記憶に残りにくい。

もちろん、広告を繰り返せば、「知名度」は高まるかもしれないが、広告をしたからといって、「ブランド力」が高まるわけではない。

強いブランドは、広告というよりも、「口コミ」や「パブリシティ」（メディアによる報道）で生まれるケースが圧倒的に多い。顧客が顧客を呼び、メディアが顧客を呼び、ブランドが生まれるというメカニズムだ。

口コミも、メディアの報道も、基本的にはお金はかからない。そう、ブランドに関する情報伝達は、広告宣伝費がなくても可能だということである。

④「まずは、ロゴをつくろう」という誤解

「ブランド化のために、まずロゴをつくろう」

こういったケースが、ブランドづくりの現場ではよくみられる。しかし、「はじめにロゴありき」ではブランドづくりは、うまくいかないだろう。

ロゴをつくる前に、ブランドの「あるべき姿」「理想の姿」（すなわち、ブランド・アイデンティティ）を明確にすることが欠かせない。ブランド・アイデンティティをシンボル化したもの、形にしたものがロゴなのである。

ロゴは、単独で完結するものではない。

ロゴとブランド・アイデンティティとの調和は言うまでもなく、ロゴとパッケージ、Ｗｅｂサイト、パンフレット、ポスター、看板、のぼり、名刺など、「ブランド要素」同士のハーモニーも大切な条件だ。

高級イメージでいくなら、ロゴを含めすべてのブランド要素を高級イメージで統一する必要がある。高級感を訴求する商品のパッケージに「ゆるいロゴ」があることや、「高級感のあるロゴ」と「ゆるキャラ」がパッケージ上で同居することもありえないだろう。

昨今、地域の農産物のPRなどで、「ゆるキャラ」が登場することが多いが、ゆるキャラのイメージとブランドのイメージが合わなければ、要注意だ。

アップルにも、ルイ・ヴィトンにも、グーグルにも、「ゆるキャラ」はいない。強いブランドには、ハーモニーがある。

⑤「数の多さを売りにして、ブランド力を高めよう」という誤解

地域農業の現場をみると、「農産物の種類が豊富」「多彩な商品群」「バラエティーに富む」「アピールポイントがたくさん」「数々のこだわり」「いろいろな用途に合う」など、数の多さを魅力にブランドをつくろうというケースが少なくない。だが、そういった試みの大部分はうまくいっていないようだ。

なぜだろうか。

おそらく、「たくさんあります」、「いろいろあります」と聞いても、買い手の頭の中にイメージが浮かばないからだ。イメージが浮かばなければ、選ばれない。

加えて、我々は、日々処理しきれないほど多くの情報のシャワーを浴びている。「たくさん」「いろいろ」など数の多さを訴求するメッセージに対して、消費者は無意識にフィルターをかけてしまう。

なぜ、「詰め合わせセット」に、ブランド力の高い商品がないのか。なぜ、人気の駅弁ランキングに「幕の内弁当」が入らないのか。

ブランドづくりに求められるのは、「足し算」の発想でなく、「引き算」の発想である。

強いブランドは、何かに絞り込んでいる。

「強いブランド」にはどのような特性があるのか

「品質は良く、高い技術もある。しかし、強いブランドが少ない」

これが我が国の農業の現状かもしれない。では、どうすれば、強いブランドは生まれるのだろうか。

以下では、「消費者調査」と「経営者調査」から導出された、強いブランドに共通する6つの特性を紹介しよう（図5－6）。

ブランドづくりの方向性がみえてくるはずだ（本章の分析結果は、岩崎 2013による）。

図5－6：「強いブランド」の6つの特性

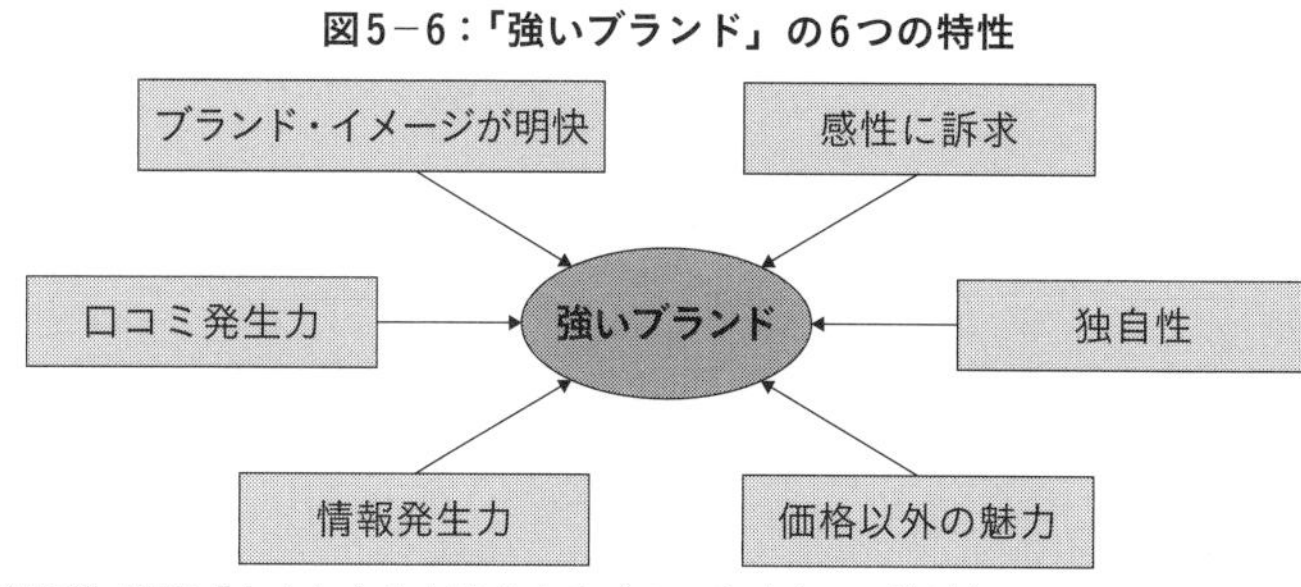

（出所）岩崎『小さな会社を強くするブランドづくりの教科書』

① ブランド・イメージが明快である

強いブランドに共通するもっとも重要な特性は、「イメージが明快である」ということである。

ブランド名を聞いたときに、買い手の心の中にイメージが浮かぶから、選ばれるのである。名前を聞いても、イメージが浮かばなければ、選ばれることはない。

では、どうすれば、買い手の心に、明快な「ブランド・イメージ」をつくることができるのだろうか。

そのためには、売り手側が「ブランド・アイデンティティ」（どのようなブランドになりたいのか、ブランドの理想の姿）を明確化し、メンバーで共有することが欠かせない。

「ブランド・アイデンティティ」と「ブランド・イメージ」は、原因と結果のような関係だ。明快なブランド・イメージをつくるためには、明確なブランド・アイデンティティが前提になるということである。

（売り手の心）　明確なブランド・アイデンティティ

↓

（買い手の心）　明快なブランド・イメージ

「ブランド・アイデンティティ」がしっかりしていれば、「何をすべきか」「何をすべきでないか」が明確になり、ブレることはない。

ブランド・アイデンティティは、木の「幹」のようなものだ。幹がしっかりしていれば、強風が吹いていても、決してブレることはない。

強いブランドは、決してブレない。そのためには、強い「幹」が必要なのである。

② 感性に訴求している

ブランドづくりは、サイエンスとアートの融合である。強いブランドは、顧客の「理性」（頭）だけでなく、顧客の「感性」（心）にも訴求している（図5－7）。

顧客を引きつける農産物になるためには、健康効果や機能性の訴求によって、顧客の理性に訴えることは有効である。だが、それだけでは、強いブランドにはならない。

図5－7：強いブランドは、買い手の「頭」と「心」に訴える

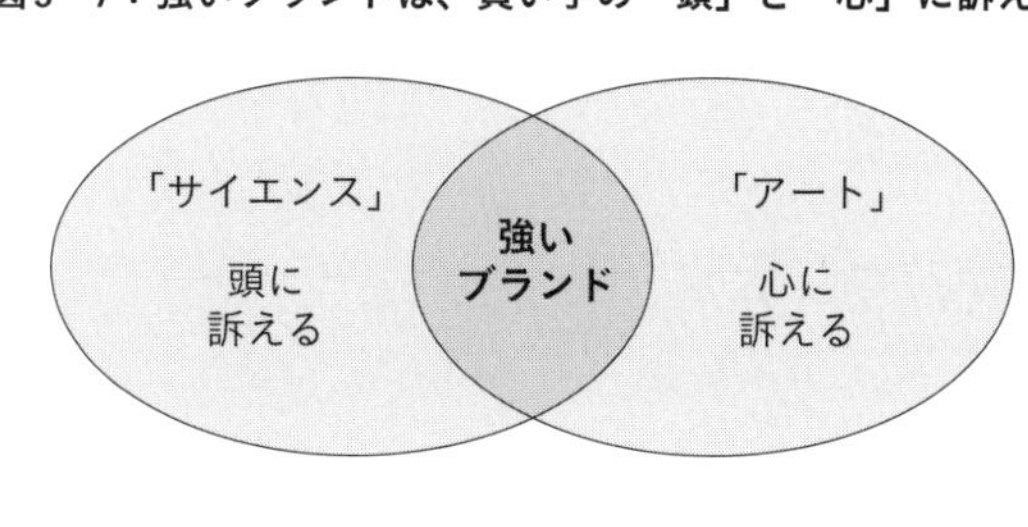

ブランドづくりには、ネーミング、パッケージ、デザイン、物語、ディスプレイ、接客などで、顧客の感性に訴えていくことも欠かせない。

21世紀の農業は、「良い悪い」だけの勝負ではなく、「好き嫌い」の勝負でもある。消費者の「心」をとらえることができれば、「良い商品」が「好きな商品」に変わるはずだ。

人の「心」に訴える農産物をつくろう。

③ 独自性がある

強いブランドは、独自の価値を消費者に提供している。「無難」「平凡」「平均」「普通」「まあまあ」「そこそこ」は、どれもブランドづくりのＮＧワードだ。

まだ世の中に「難」が多かった過去は、「無難」だから選ばれた。かつて、日本が貧しかった時代は、「平凡」が魅力だった。

だが、今は違う。

「無難」や「平凡」に魅力を感じる人はいないはずだ。今は、「無難＝難有（なんあり）」の時代である。「平凡」という名の雑誌も、今は休刊だ。強いブランドをつくりたければ、「脱・無難」「脱・平凡」で、周りがやっていないことをやる必要がある。

ブランドづくりにおいて、「前例主義」や「皆さんご一緒に」の発想は危険だ。誰でも作れるもの、すでに世の中にたくさんあるものは、ブランドになることはない。そもそも、皆が簡単に真似できることでは、ブランドは生まれない。

生みの苦しみがあり、簡単に真似されないからこそ、ブランドなのである。

ブランドづくりに成功するためには、「過去に例がないから」やらないのではなく、「過去に例がないから」挑戦する。「大変だから」やらないのではなく、「大変だから」挑戦するという発想が欠かせない。

（よくある発想）		（ブランドづくりの発想）
「過去に例がないから」やらない	↓	「過去に例がないから」挑戦する
「皆がやるから」やる	↓	「皆がやるなら」やらない
「大変だから」やらない	↓	「大変だから」挑戦する

④価格以外の魅力で顧客を引きつけている

価格を下げなければ顧客を生み出せないとすれば、それは「ブランド」ではなく、ただの「商品」だ。強いブランドは、「価格以外の魅力」で顧客を引きつけている。

消費者がブランドに求めているのは、「低い価格」ではなく、「高い価値」である。強いブランドをつくるためには、「いかに安く売るか」ではなく、「いかに、安く売らないか」に知恵を絞るべきだろう。

価格の安さでは、顧客とブランドの絆はつくれない。価格で引きつけた顧客は、価格で逃げていく。別の企業が安売りをすれば、そちらに行ってしまう。

「低い価格」ではなく、「高い価値」で顧客を引きつけよう。

⑤情報発生力がある

強いブランドには、「情報発生力」がある。「発信力」ではない。「発生力」だ。

具体的には、新聞、テレビ、雑誌などのメディア経由で、そのブランドの情報がとり上げられやすいということである。

自分で「この農産物は美味しい」と広告するよりも、「この農産物は美味しい」とメディアが伝えてくれた方が、はるかに信頼性が高く、説得力も強い。さらに、記事や番組情

表5−2：どちらのメッセージにひかれますか

（%）

「このトマト、とても美味しいの」（友人・知人の言葉）	73.4
「当店のトマトは、とても美味しいです」（業者の言葉）	26.6

（出所）全国消費者1000人調査（2016年2月）

報は、広告と違って、基本的に無料だ。

どうしたら地元メディアや報道機関が情報をとり上げたくなるのかを考えて、積極的にメディアに情報提供をしていくことが有効だろう。

⑥ 口コミ発生力がある

強いブランドには、「口コミ発生力」がある。「顧客が、顧客を生み出す」というメカニズムが作用しているということだ。

次の2つのメッセージのどちらにひかれるだろうか。

- ●「このトマト、とても美味しいの」（友人・知人の言葉）
- ●「当店のトマトは、とても美味しいです」（業者の言葉）

消費者に聞くと、圧倒的に多くの人が友人・知人の言葉にひかれると回答する（表5−2）。業者の言葉よりも、知人・友人の口コミが勝るということだ。

では、どうすれば、口コミの発生が促進されるのだろうか。口コミは、広告と異なって、お金を出せばできるというものではない。

口コミの発生　＝　「伝えやすい」　×　「伝えたくなる」

口コミの発生を促進するための1つ目の条件が、消費者が「伝えやすい」ということである。

そのためには、「ブランド名が短く、覚えやすい」「特徴が絞り込まれていて、言語化しやすい」「語るための材料がある」、SNS上の口コミであれば「個性が明快であり、文章化しやすい」などがポイントになるだろう。

有力ブランドの名前は、シンプルで発音しやすく、個性的で覚えやすいものが多い。アップル、アマゾン、ヤフー、グーグル、シャネル、ユニクロ、ナイキ、ソニー、トヨタ、キヤノン、楽天、あまおう、アメーラ……。どれも4文字以内だ。

口コミ発生を促進する2つ目の条件は、そのブランドを消費者が「伝えたくなる」ということである。

そのためには、「顧客満足度が高い」「独自性、個性がある」「売り手と消費者の心理的距離が近い」、SNS上の口コミであれば「写真映えする」などがポイントになるだろう。

人は満足すれば、その満足感を誰かと共有したいと思うし、ユニークなものに出会えば、人に伝えたくなる。生産者との交流などによって心理的な距離感が縮まれば、顧客は積極的に、その生産者の農産物の口コミをしてくれるはずだ。

第6章

「違い」が価値になる

「普通」の農産物は、ブランドにならない

「ごく普通のキャベツをつくっているのですが、どうすればブランドになりますか？」

これは、あるセミナーで寄せられた、生産者からの質問だ。残念ながら、本当に「ごく普通」だとしたら、ブランドにはならないだろう。

過去、20世紀の大量生産・大量流通・大量消費の時代においては、個性的なものは排除され、「均一」「画一」「規格品」が歓迎された。当時であれば、「ごく普通」で良かったかもしれない。

しかし、現在は違う。

消費者ニーズの多様化・個性化・成熟化によって、他との違いが「価値」になる時代が来ている。消費者に選ばれるブランドになるためには、個性、独自性が欠かせない。

ここで、図6－1をみてみよう。どの図形に目が行っただろうか。

多くの人が目を向けたのは、20個の●ではなく、たった1つの💧のはずだ。現代の農産物のマーケットは、まさにこの図のイメージである。普通においしいものはたくさんあ

図6−1：どの図形に目が行くだろうか

る（図の●に相当）。

しかし、おいしくても他の農産物とまったく違いがなければ、他の商品に埋もれてしまう。誰にも気づかれないかもしれない。

人々をひきつけるのは、「とんがり」のある商品である。「とんがる」を漢字で書いてみよう。「尖る」だ。字をよくみると、「大」の上に「小」がある。とがれば、たとえ小さな生産者でも、大きな生産者を超えることができるということだ。個性の勝負に、規模は関係ない。

ほとんどの農業者や農産物には、個性化のタネが備わっている。生産者が、自分で「ごく普通」と思っていたとしても、「個性」に気づいていないだけかもしれない。

さあ、個性化のタネをみつけ、大切に育てていこう。

個性化は「特殊化」ではない

「東京などの大都市と異なり、地方で個性化しても、そもそもマーケットがない」

地域経済の現場で、こういった意見を聞くことが多い。本当にそうだろうか。

個性化は、「特殊化」ではない。何も、既存商品と１００％違う特殊な商品をつくる必要はない。地方であっても、マーケットを確保することは可能だ。

個性化　≠　特殊化

個性は、わずかな違いからも生まれる。たとえば、「デコポン」をイメージしてみよう（図６－２）。

特徴的な凸（デコ）の部分は、全体の１割もないだろう。だが、その小さな違いが圧倒的な個性を生んでいる。

ここで質問。

図6－2：小さな違いでも、大きな個性になる

図6－3：葉が1枚増えただけで価値は大きく増加

三つ葉＝10円

四つ葉＝206円

（出所）全国消費者1000人調査（2017年6月）

> 三つ葉のクローバーの価値を10円とすると、四つ葉のクローバーの価値はいくらになりますか？

実際に、全国の消費者１０００人に聞いてみた。

回答の平均値は、２０６円である（図６－３）。葉っぱ１枚増えただけで、価値は20倍以上になるということだ。

小さな違いでも、消費者に明確に伝われば、大きな個性になるということを、デコポンや四つ葉のクローバーが教えてくれている。

「二番煎じ」は、ブランドにならない

マーケティングに関連して、「先進地の視察」を行う農業関係者は多いが、そもそも「先進地の真似をしよう」という発想では、ブランドづくりはうまくいかない。

先進事例を真似ても、先進事例には勝てない。なぜ、先進事例が注目されるのか。

それは、一番手だからだ。

日本で一番高い山は誰もが知っているが、二番目に高い山を知る人は少ない。日本で一番大きな湖は誰もが知っているが、二番目に大きな湖を知る人は少ない。

「二番煎じ」は、強いブランドにはならないということだ。

先進事例や他者の成功事例は、表面を真似するためにあるのではない。先進地の視察をするなら、次のような発想が必要だろう。

- 成功の背景にある目には見えない本質を探る
- 先進地にできなくて自分にできることは何かを探る
- 成功事例の逆をいく方法を考える

「隣の芝生は青く見える」という諺のとおり、我々は他者の成功事例に目が向きがちだ。うまくいった事例の真似をしたくなる。

だが、ブランドづくりで、大切なものは足元にある。

隣の芝生をうらやむことはない。「自分の芝生」をもっと青くしていこう。

危険な「ヨコ展開」という発想

「成功事例をつくり、それを全国にヨコ展開」


地域経済において、こういった言葉を耳にすることが多いが、この発想も農産物のブランドづくりとは、相いれない。

「ヨコ展開」できるということは、真似されやすいということだ。そもそも、模倣が容易であれば、ブランドにはならない。真似が難しいからこそ、ブランドなのである。

ヨコ展開で、ヨコに広がれば広がるほど、ライバルとの重なりも生じる。つまり、競争が厳しくなる。競争が厳しくなれば、最終的には誰も儲からなくなる。

「手間がかかる」
「苦労する」
「面倒だ」
「効率が悪い」
「大変だ」

実は、こういった言葉が、ブランドづくりと相性が良い。「ヨコ展開」が難しいからだ。ブランドづくりにおいて大切なのは、いかに「ヨコ展開するか」ではなく、いかに「ヨコ展開されないか」である。

いかに個性を出すか

ここまで、農産物のブランドづくりにおける「個性」の重要性を指摘してきた。では、どうすれば、顧客に伝わる個性を生み出すことができるだろうか。

ここからは、具体的に個性化の方向性を検討していこう。

①「味覚、香り、食感」で個性化

農産物の個性化として、もっとも基本のものは、味覚や香りなど、農産物の中身で違いを出すことである。他の農産物と比較して、「甘い」「旨い」「香りが良い」「食感が良い」などである。

ただし、我が国の農産物の食味のレベルは全体的に高く、味だけで明確な違いを出すことは難しくなっていることも事実だ。

消費者に伝わる個性を生み出すためには、食味や食感に加えて、次にあげるような方法を適宜組み合わせていくことも考えよう。

②「形状」で個性化

「形状」などの視覚的な特徴は、消費者に伝わりやすく、記憶にも残りやすい。たとえば、先ほどとり上げたデコポンは、育成時点では外見上の弱点と思われた「デコ」を逆に個性に変えて、ブランドづくりに成功している。

③「サイズ」で個性化

消費者ニーズの個性化が進む今日、かつてはサイズが規格に合わず流通しなかったような商品も、逆に個性的な商品として、消費者の支持を受ける可能性がある。現在は、「規格外＝個性」の時代かもしれない。

たとえば、規格のサイズより小さなチンゲン菜＝「ミニちんげん」は、小ささゆえ、切らずにラーメンの具材になる商品として人気だ。規格外の「小さなバナナ」は、子供のおやつに最適である。

規格サイズのアスパラガスやマッシュルームは料理の主役になることはないが、規格外の「極太のアスパラガス」や「ジャンボマッシュルーム」は、大きさのインパクトゆえ、料理の主役としても活躍している。

サイズが不ぞろいのジャガイモでも、小さい物だけを集めれば、「一口じゃがいも」としてブランド化できるかもしれない。

④「色」で個性化

色の違いは、買い手に見えやすく、個性化の大きな武器になる。色が消費者の知覚品質に影響を与えることは、第3章でみたとおりである。

たとえば、白いイチゴ、白いトウモロコシ、白いナス、芯の赤いダイコン、チョコレート色の高糖度トマト、オレンジ色の果肉のメロン、黄身がオレンジのたまご、赤身が魅力のあか牛、黒い甘酒、緑色の濃い抹茶アイスなど、いずれも個性的な商品として消費者の支持を得ている。

⑤「パッケージ」で個性化

農産物の中身で明快な違いを出すことができなくても、パッケージで個性を発揮することは可能だ。

静岡県立大学の「茶学入門」という講義で、学生に「どうしたら〝茶葉〟を買いたくなるか」と質問したところ、圧倒的に多かったのが、次のような回答だ。

「パッケージがかわいいと手に取ると思います。かわいい缶に入った商品がいいです。」
「パッケージのデザインが素敵だと買いたくなります。」
「安っぽいパッケージのお茶はあまり飲みたくないです。パッケージがおしゃれで、高級感のあるものなら買いたくなると思います」

生産者は、ともすると農産物の中身だけに目が行きがちであるが、パッケージも商品の一部であり、個性発信の重要なメディアなのである。

⑥「生産方法・栽培方法」で個性化

生産方法や栽培方法なども、個性化の有効な手段になる。有機栽培、無農薬栽培をはじめ、雪の下で冬を越す「雪下にんじん」、貯蔵庫で寝かせ特有の甘さを生み出す「さつまいも」、茶壺に入れて保管する「熟成茶」、手掘りで収穫するため肌つやが良い「じゃがいも」など、独自の生産方法によって、個性ある魅力的な商品が生み出されている。

⑦「肥料・エサ」で個性化

肥料やエサを利用して、個性的な商品を生み出すことも可能である。有名なところでは、スペインのイベリコ豚。ドングリを食べて育った豚というキャッチフレーズがブランド化のカギになっている。

「地域ならではの特産品」をエサや肥料にして、消費者の支持を得ているブランドも全国にみられる。地域性を武器にすると、消費者の共感を得やすく、他地域の生産者には真似されにくい。

たとえば、特産のオリーブをエサに養殖をした「オリーブハマチ」（香川県）、地元の緑茶を飲み水として与え飼育した「ＴＥＡ豚」（静岡県）、浜名湖のウナギの残渣（ざんさ）を肥料に活用したサツマイモ「うなぎいも」（静岡県）、飼料にワインの搾りかすを混ぜて与える「ワインビーフ」（山梨県）など、個性的なブランドが存在する。

⑧「品質基準」で個性化

農産物は、工業製品と異なり、品質がばらつきやすい。独自の「品質基準」を設けることによって、他の商品との違いを生み出し、ブランドへの信頼を得ることが可能である。たとえば、「アメーラトマト」「安納いも」「デコポン」などは品質を維持するため、厳しい糖度基準を設け、その基準を満たした商品のみ、そのブランドを名乗れるようにしている。

⑨「生産場所」で個性化

「生産場所」も個性化の武器になる。たとえば、京都で生産される伝統野菜「京野菜」や、土壌塩分濃度が高い干拓地で栽培される「潮トマト」などは、農産物と土地との結びつきを価値に変えることによって、強力な個性を生み出している代表的な事例だろう。地域性を軸に個性化ができれば、他地域から真似されることはない。

⑩「ずらし」で個性化

農産物の旬の時期は、ライバルも多く、生産量も多いので、単価も下がりがちである。収穫時期をずらすことができれば、個性や収益力を高めることができる。たとえば、夏場はイチゴが品薄になるため、夏イチゴの出荷価格は、生産量の多い冬春の2倍以上になる。

筆者の地元静岡でも、「ずらし」によって成功しているケースがみられる。静岡のタマネギは、通年では北海道のタマネギに及ばないが、冬期の販売シェアは1位であり、高価格で取引をされている。三島馬鈴薯は7月の1カ月間だけ限定出荷し、全国の青果市場で日本一の価格で取引されている。

⑪「ストーリー」で個性化

味、見た目、生産方法に違いがなくても、独自の「ストーリー」があれば、個性を生み出すことができる。生産者自身のストーリーもあれば、農産物の生産にかかわるエピソード、産地に関わる物語など、農産物には様々な物語があるはずだ。

第3章でみた通り、消費者の共感を生むストーリーは、その農産物の「知覚品質」を高める力を有している。

⑫「利用シーン」で個性化

製品自体に違いがなくても、新たな「利用シーン」を提案することによっても、個性化は可能である。

たとえば、「山椒」をうなぎ用ではなく「スイーツの素材」「ピザにかけるトッピング用」として新たな需要を生み出したケースや、「しらたき」をすき焼き用ではなく、パスタ代替品として需要を創造した事例などがある。

他にも、「かつお」を出汁用ではなく「お菓子」としてヒット商品を生み出した企業や、「高糖度トマト」や「めねぎ」を握りずしのネタとして、新たな需要を創出した事例などもある。

既存の枠内だけで発想していても、個性化には限界がある。枠を超えて、新たな利用シーンを積極的に創造し、消費者に提案していこう。

⑬「用途の限定」で個性化

「用途」をあえて限定することでも、商品の個性を生み出すことは可能だ。「卵かけごはん用醤油」「お好み焼き用ソース」などは典型的な事例であろう。

幅広い使い方ができるフレッシュチーズを「パン塗り専用」としたところ売上が伸びた

事例や、万能を売りにしていた油を「天ぷら専用」として売上を伸ばした事例など、「用途を絞る」ことで、売上が拡大した商品は少なくない。

多くの生産者は、用途を広げれば売上が伸びると考えがちであるが、おそらく逆だ。「幅広い用途」「万能」では、買い手の頭にイメージが湧きにくい。イメージが浮かばなければ、選ばれない。用途を絞ることによって、利用シーンが明確になり、購買意欲が喚起されやすくなる。

⑭「売る場所」で個性化

売る場所を変えることによっても、個性化は可能である。たとえば、香りが魅力の「緑茶」を〃花屋〃で売ることや、おしゃれなパッケージの「サバの缶詰」を〃雑貨店・インテリアショップ〃で売るなど、これまでとは違う販売チャネルを活用することによって、個性的な商品が生まれている。

⑮「逆張り」で個性化

皆と同じ方向に進んでいても、なかなか個性は生まれにくい。強力な個性を生み出したいのであれば、「逆張り」が有効だろう。「業界の常識の逆をいく」「消費者が抱く一般的イメージの逆をいく」発想である。

逆張りの具体的なパターンをいくつかあげよう。

たとえば、「洋から和へ、和から洋へ」という逆張り。洋菓子といえば紅茶・コーヒーであるが、その逆をいく「ケーキのための緑茶」、和菓子といえば緑茶という発想の逆をいく「和菓子のための紅茶」「和風の紅茶」といったイメージだ。

コメであれば「洋食にあうお米」、漬物であれば、「和風ピクルス」「洋風つけもの」、シリアルであれば「和風シリアル」なども個性的な事例である。

「味の逆張り」で消費者の支持を受ける個性的な商品もある。一般的なラー油は辛いが、「辛くないラー油」。糖度の高さを売りにする果物が多い中、さっぱりして、甘すぎない「低糖度バナナ」。

「あか牛」は、霜降り志向の逆を行き、赤身のうま味とヘルシーさで人気を得ている。「堅いポテトチップス」「粘らない納豆」は食感の逆張りだ。

「温度の逆張り」もある。緑茶であれば、「冷茶専用の茶葉」。一般的な焼きいも・たい焼きは温かいが、「冷やし焼きいも」「冷やし鯛焼き」「石焼きいもアイス」など。

「新鮮」の逆をいく「熟成」も広がりを見せている。熟成肉、熟成茶、熟成魚、熟成そばなど、いずれも消費者の支持を高めている。

視点をこれまでと180度変えてみよう。そこには個性的なマーケットが存在しているかもしれない。

ダメな違いの出し方

ここまで個性化の方向性についてみてきたが、単に「違い」を出せばよいというわけではない。「良い違い」もあれば、「悪い違い」もある。

本章の終わりに「ダメな違いの出し方」についても触れておこう。

①『一本のモノサシ』で測ることができる違い

「一本のモノサシ」で測れる分野で違いを出そうとするのは、避けた方が良い。なぜなら、勝ち負けがはっきりするからだ。この分野の勝者は少数で、大部分は敗者になる。

典型的な「一本のモノサシ」は、「価格」や「量」だろう。

「価格競争」や「量の競争」は消耗戦になりやすく、早晩限界に達する。この分野では、小さな生産者は、大きな生産者には勝ち目はない。

一方、「複数のモノサシ」がある分野では、単純な勝ち負けの勝負にはならないので、

図6−4：独自性×価値性

		独自性	
		あり	なし
価値性	あり	ブランド	埋没
	なし	独り善がり	不要

共存が可能だ。小規模だからといって不利にもならない。

たとえば、「味」や「デザイン」などには「一本のモノサシ」は存在しない。こういった分野で企業が個性を発揮することは、競争ではなく、共生につながるはずだ。

21世紀は、「競争のマーケティング」の時代ではなく、「共生のマーケティング」の時代である。いかに「競争するか」ではなく、いかに「共生するか」を考えていこう。

②　消費者が気づかない違い

生産者の視点しか有していないと、消費者が気づかないような味や機能性の違いを、売りになると思い込んでしまったりする。

味や機能性が優れていたとしても、買い手が認識できないような味の差、機能差では意味がない。消費者に伝わらない違いは、個性とはいえない。

③ 消費者にとって価値がない違い

現代の農産物マーケットでは、独自性がまったくなければ、他の農産物に「埋没」してしまう。

生産者にとって独自であったとしても、買い手にとって価値がなければ、それも「独り善がり」だ。

強いブランドとは、「独自性」と「価値性」を兼ね備えた商品である（図6－4）。

顧客をひきつけるためには、違いを強調するだけでなく、「この違いは、あなたにとってこのような価値がある」ということを、伝えることが欠かせないということである。

第7章

どうすれば六次産業化は成功するのか

マーケティングに問題を抱える六次産業化

農業は、生産だけでなく、開発、加工、流通、販売まで手掛けることができる「クリエイティブな産業」だ。創意工夫が力になる「脳業」でもあり、知恵や技術をベースとする「能業」でもある。

昨今、全国で農産物の生産（一次産業）×加工（二次産業）×流通販売（三次産業）を掛け算した「六次産業化」が盛んに進められている。

農業者が主導する六次産業化をみると、自らが二次・三次産業に進出するケースもあれば、二次産業者、三次産業者と連携して新商品・サービスの開発を行うケースもある。

> 六次産業化　＝　一次産業　×　二次産業　×　三次産業

六次産業化が農業者にもたらすメリットは多様である。具体的に見てみよう。

加工まで手掛けることによって、付加価値が高まり、収益性が向上する。味はおいしいが形が不揃いといった商品の効果的利用にもつながる。

加工品を活用すれば、農産物のブランド力向上も期待できるだろう。たとえば、イチゴそのものよりも、「イチゴスイーツ」の方が個性化しやすい。卵よりも、その卵を利用した「親子丼」「プリン」の方が話題になりやすいし、口コミやパブリシティにも乗りやすい。加えて、自ら販売に関与すれば、価格決定権を手に入れることができる。生産者のマーケティングに関する関心が高まり、消費者志向になるきっかけにもなるだろう。自らが販売に関与することで、生産者と消費者との結びつきも強化される。

しかし、現実の六次産業化には、マーケティング面で課題を抱えるケースが少なくない。商品はできたものの、売上が伸びず、いつの間にか消えてしまう商品も多い。

全国には農産物を使ったジャム、ジュース、ワイン、カレーなど、似たような商品が溢れ返っている。その多くが地元ではそこそこ売れたとしても、強いブランドになることはない。発売時は話題性で売れたとしても、次第に失速していくケースも多い。

では、どうすれば、六次産業化はうまくいくのだろうか。

本章では、農業者を対象とした調査データ等を利用して、六次産業化に成功するためのポイントを探ることにしよう。

六次産業化に関する誤解

農業の現場をみると、六次産業化の捉え方に、少なからず誤解があるようだ。六次産業化に成功するためには、まず、こういった誤解を解消する必要があるだろう。

①「規格外品の活用のために六次産業化をする」という誤解

「規格外品の活用のために六次産業化をする」という考えは、明らかに六次産業化の「目的」を間違えている。「はじめに規格外品ありき」の発想ではうまくいかない。

もちろん、結果として規格外品を活用することはありえるだろう。だが、それはあくまでも「結果」であり、「目的」ではない。

規格外品の利用のための六次産業化は、「究極の生産者目線」かもしれない。規格外品の利用は、顧客にとって「買う理由」にはならないからだ。第2章で述べたが、はじめに農産物ありきの「生産者目線」では、マーケティングはうまくいかない。

②「六次産業化は、新商品開発である」という誤解

「新商品を開発し、中山間地の活性化に資する」
「新商品開発による地域ブランドの強化」
「地域の特産物を素材とした商品開発」

全国で行われている六次産業化プロジェクトを見ると、前記のように「新商品開発」が主題になっているケースが非常に多い。農業の現場でも、六次産業化のことを「商品開発」と思っている人が少なくない。

だが、「六次産業化 ＝ 新商品開発」という発想は、誤解かもしれない。

何度も指摘する通り、消費者が求めているのは、「食べるモノ」ではない。「食べるコト」である。六次産業化の本質は単なる商品開発ではない。価値づくりである。

大切なのは、いくつ商品を開発したのかではなく、「新しい価値」をどれだけ生み出したのか、その商品は「新しい顧客」を創造したのか、一度買ってくれた顧客は「リピート」してくれているかである。

「既存商品が売れないから、新商品をつくろう」
「新商品開発で、売上を伸ばそう」

「気づいたら、商品を足すことばかり考えている」

これらの言葉のように、六次産業化で生まれた「商品」が売れないと、次々と「新商品」を足し算していくケースが多い。新商品開発の連鎖だ。

しかし、新商品を足せば足すほど、既存商品の個性は薄まっていく。1つの商品に投入できる経営資源も減少していく。

売れないから、安易に新商品開発という発想は危険だ。売れないのは、「商品が悪い」のではなく、その商品の「魅力が買い手に伝わっていない」のかもしれない。

六次産業化に成功するためには、既存商品の良さを見つけ、それを磨くことも大切だ。商品の〝足し算〟をする前に、今ある商品の価値をいかに高めるのかを考えてみよう。

③「『加工食品業』の土俵に乗る」という誤解

「千三つ」。食品業界でよく使う言葉だ。新商品を千品目出しても、売れるのは三品目ぐらいということである。

食の商品開発のプロ中のプロである加工食品メーカーでさえ、新商品開発に成功する確率はとても低いのが現実だ。

にもかかわらず、商品開発のプロでない農業者が、加工食品メーカーと同じ土俵で商品開発を行ったとしても、成功することは難しい。

では、どうすべきか。

加工食品メーカーの土俵には上らないことだろう。一般の食品加工業者にはできないことをする。農家にしかできない商品で勝負をする。

農家にできて、加工食品メーカーにできない商品は何か。

たとえば、イチゴ農家にしかつくれない「イチゴを丸ごと凍らせて削るかき氷」、茶生産者にしかつくれない「世界で一番濃い抹茶ジェラート」など。もし、ドレッシングをつくるなら、素材を贅沢に使った「農家にしかつくれないドレッシング」で勝負する。

農業者の商品開発においては、加工食品業者と「土俵を変える」ことが欠かせない。

六次産業化の成功要因は何か？

六次産業化に成功している農業者もいれば、残念ながら失敗してしまう農業者もいる。

では、六次産業化に成功している農業者には、どのような特徴があるのだろうか。ここでは、六次産業化を実施している農業者の調査データを利用して分析を行った。

図7－1：六次産業化に成功する3つのポイント

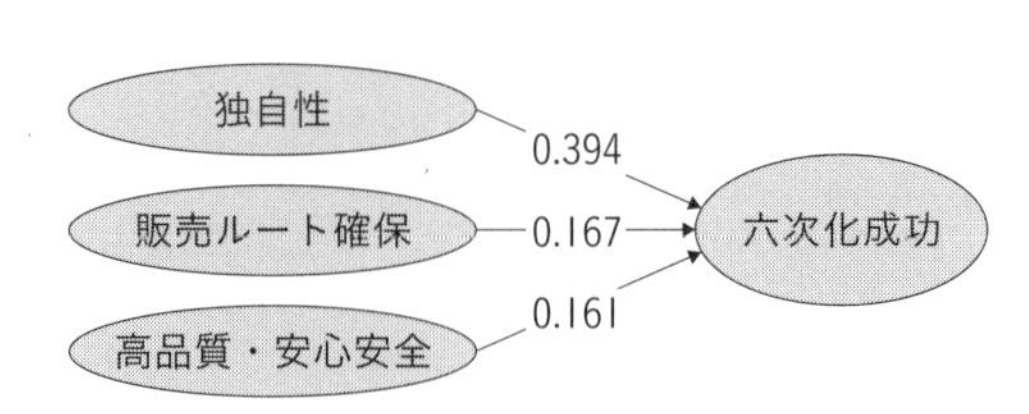

（注）「独自性」「販売ルート確保」「高品質・安心安全」は因子分析によって抽出された因子。
分析は、ステップワイズ回帰分析。
数字は標準化回帰係数であり、「六次化成功」への影響度を示す。
（出所）全国農業者調査（表2－1参照）の回答者のうち六次産業化を実施したことがある農業者（n＝124）

調査の手順は、次の通りである。

まず、農産物加工品（六次化商品）に関して、25の質問をした。たとえば次のような質問である。

「競合商品と比較して、違いが明確である」
「品質に自信を持っている」
「顧客ターゲットを明確に設定している」
「販売ルートが確保されている」
「デザインを重視している」など。

いずれの質問も、「その通り(5)」～「違う(1)」の5ポイントスケールで評価をしてもらった。

次に、六次産業化の成果について農業者に聞いた。

具体的には、

「農産物加工品の成果」（成功(5)～失敗(1)の5ポイントスケール）

「農産物加工品の売上」（好調(5)～不振(1)の5ポイントスケール）の2つの質問をしている。

この2変数を主成分分析という手法で統計的に1つのスコアに集約し、「六次化の成功指標」とした。


分析結果は、図7－1に示した通りである。

六次産業化の成否に影響を及ぼす条件として、3つの因子が抽出された。もっとも、成功への影響度が高い因子は「独自性」である。次いで、「販売ルート確保」「高品質・安心安全」の順になっている。

六次産業化成功の3つのポイント

この分析で明らかになった、六次産業化に成功するためのポイントについて、具体的にみていくことにしよう。

①「**独自性がある**」

今回の分析結果をみると、六次産業化に成功するための最も重要なポイントは、「独自性」である。この因子は、具体的には以下のような項目から構成されている。

「競合商品と比較して、違いが明確である」
「独自性がある商品である」
「その商品は個性的である」

六次産業化に成功するためには、消費者に伝わる「明快な特徴」を打ち出すことが欠かせない。「六次化」は「独自化」だ。

ブランドづくりと同様に、六次産業化においても、「普通」「無難」「平均」はＮＧワードである。「他との違い」が価値になる。他者の成功事例を安易に真似ても、六次産業化はうまくいかないということだ。

②「**販売チャネルの確保**」

六次産業化に成功するための第二の重要ポイントは、「販売チャネルの確保」である。

図7−2：「独自性」「販売チャネルの確保」の有無と業績の関係

		独自性	
		あり	なし
販売チャネル	あり	好調 62.5%	好調 32.1%
	なし	好調 42.3%	好調 13.3%

（注）ここで好調とは、六次化商品が「好調」「やや好調」と回答した企業（全国農業者調査、2016年2月）。
数字は、各セルにおける好調企業の構成比
独自性の有無は、「独自性」に関する因子スコアが0以上、0未満で2分割。
販売チャネルの確保は、「販売チャネルの確保」に関する因子スコアが0以上、0未満で2分割。

この因子は、具体的には以下のような項目から構成されている。

「販売ルートが確保されている」
「安定的な販売先がある」
「顧客ターゲットを明確に設定している」

六次産業化の現場を見ると、「商品開発」ばかりに労力を使い、「どこで、どのように売るのか」についてまでは考えが及んでいないケースが多い。「製品はできたけど、売る場所がない」という状況だ。

六次産業化は、製品ができたら終わりではない。大切なのは、その後の流通経路が確保されていることである。

独自性　×　チャネルの確保　＝　好調

ここで、「独自性（成功ポイント1）」と、「チャネルの確保（成功ポイント2）」が、いかに重要であるかを確認してみよう。

図7－2をみてほしい。この図は、「独自性」の有無、「販売チャネルの確保」の有無ごとに、好調企業の割合をみたものである。

独自性があり、販売チャネルが確保されている製品については、6割以上が「好調」である。

一方で、独自性がなく、販売チャネルが確保されてない製品について「好調」は、わずか1割にとどまる。この2つの条件の大切さが分かるだろう。

③「高品質・安心安全」

六次産業化に成功するための第三の重要ポイントは、「高品質・安心安全」である。この因子は、具体的には以下のような項目から構成されている。

「味が良い商品である」
「品質に自信を持っている」

図7－3：六次産業化の成功要因

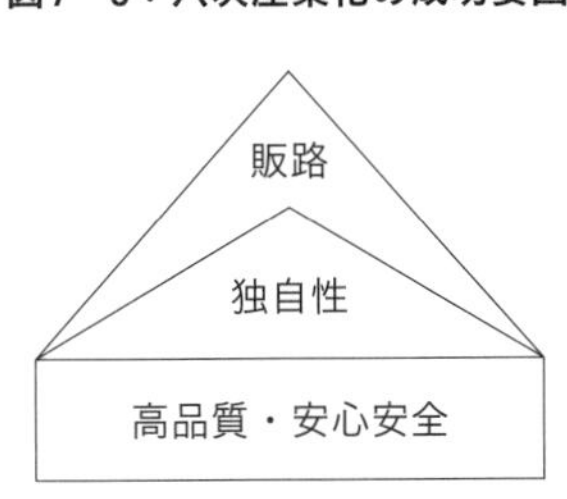

「安心安全な商品である」

味と品質、安心安全は、六次産業化の「土台」になる要素である。一度食べてもらったとしても、食味が悪ければ二度と食べてもらえない。安心安全は、六次産業化の前提条件である。

図7－3は、六次産業化の成功要因を図示したものである。この図のとおり、「高品質・安心安全」をベースとして、独自性を発揮し、販売チャネルを確保することが、六次産業化の成功には欠かせない条件なのである。

いかに売れ続ける商品をつくるか

六次産業化において、発売時に話題性や新奇性などで売れたとしても、その後、「売れなくなった」のでは意味がない。

表7－1：ロングセラー商品といえば？

順位	キーワード	出現頻度
1	ポッキー	65
2	チキンラーメン	58
3	カップヌードル	46

（出所）全国消費者1000人調査（2016年2月）

「今」だけでなく、「来年」も、「再来年」も、「その後もずっと」食べ続けてもらえる商品づくりが、六次産業化のポイントだ。

とくに、人口や消費支出の伸びが期待できない今日、商品開発においては、いかにリピーターを確保するかが重要になっている。「ヒット商品」を生み出すことよりも、「ロングセラー商品」を生み出す方がはるかに困難だ。「買ってもらう」ことよりも、「買い続けてもらう」ことの方が難しい。

では、どうすれば、買い続けてもらえる商品を生み出すことができるのだろうか。

ここで質問。あなたは次の文の空欄にどのような商品を入れるだろうか。

> ロングセラー商品と聞いて、思い浮かぶのは、
> 【　　　　】である。

全国1000人の消費者に自由に商品名を入れてもらった。結果は、表7－1に示したとおりである。

ベスト3は「ポッキー」「チキンラーメン」「カップヌードル」だ。

それぞれの発売は、1966年、1958年、1971年。名実ともにロングセラーだ。

では、なぜこれらの商品はロングセラーになったのだろうか。以下では、ロングセラー商品を生み出すためのポイントを検討しよう。

ロングセラー商品を生み出すポイント

① おいしすぎない⁉

全国の消費者に、「ポッキー」「チキンラーメン」「カップヌードル」のおいしさを評価してもらった。結果は表7－2の通りである。

いずれの商品も、「やや美味しい」という回答者が最も多い。「とても美味しい」という回答は、いずれの商品も1割程度に過ぎない。

ポッキーも、チキンラーメンも、カップヌードルもおいしすぎるの一歩手前だ。だから、もう一度食べたいと思う。

表7－2：ロングセラー商品は、どの程度おいしいのか

（％）

	まったく美味しくない	美味しくない	あまり美味しくない	どちらともいえない	やや美味しい	美味しい	とても美味しい
ポッキー	1.0	2.2	4.2	21.2	32.1	28.2	11.1
チキンラーメン	5.4	5.7	13.7	24.6	26.4	17.7	6.5
カップヌードル	3.1	3.2	9.8	19.4	28.9	26.0	9.6

（出所）表7－1と同じ

逆に、「究極のおいしさ」は、ロングセラーになりにくい。「究極」は飽きがきやすいからだ。

消費者にとって、究極は「時たま」で十分だ。たしかに「究極のポッキー」「究極のチキンラーメン」「究極のカップヌードル」と聞くと何か違和感がある。

ポッキーも、チキンラーメンも、カップヌードルも、とびぬけておいしいからロングセラーになった訳ではない。いずれも、新たなカテゴリーを切り拓いた「革新的な商品」だ。独自の価値を創造し、進化し続けている。

いずれの商品も、そのカテゴリーではナンバーワンだ。ブランド名を聞いただけで、商品のイメージが浮かんでくる。心にも訴えてくる。

そう、ロングセラー商品は、人々に好かれる商品だ。「最高品質」というよりも、「最好品質」なのである。

表7−3：長寿番組といえば？

順位	キーワード	出現頻度
1	徹子の部屋	290
2	笑点	123
3	サザエさん	92

（出所）表7−1と同じ

②「変わらないもの」と「変わるもの」のバランス

ロングセラー商品は、「変わらないもの」と「変わるもの」がバランスしている。

「変わらないもの」がないと消費者を引きつけることはできない。「変わるもの」がないと消費者は飽きてしまう。

テレビの長寿番組を考えてみると分かりやすいかもしれない。たとえば、消費者に「長寿番組といえば？」と聞いてみると、圧倒的な1位は「徹子の部屋」だ（表7−3）。

黒柳徹子という「シンボル＝変わらない者」がいるから視聴者を引きつける。一方、毎回「ゲスト＝変わる者」がいるから飽きさせない。だから、長寿なのである。

「ポッキー」は、チョコレート味が定番商品だ。定番に加え、ココナッツ味、リンゴ味など、期間限定商品や地域限定商品を投入するなど、消費者を飽きさせない。

強い定番商品があれば、新しい商品を食べても、また定番に戻ってくる。「カップヌードル」も「チキンラーメン」も、「変わらないもの」（定番商品）と「変わるもの」がバランスしている。

アイスのロングセラー商品「ガリガリ君」もそうだろう。通年で販売されているのは「ソーダ味」のみ。定番の味を飽きさせないために、年間20種類もの味を投入している。

③ 近視眼にならない

マーケティングにおいて、近視眼は禁物である。今、売れるからといって、一気に生産量を増やしたり、販売チャネルを増やしたりするのは危険である。一時は売れるかもしれないが、飽きられる可能性が高い。ありがたみも薄れてしまう。

急に伸びたものは、急に減速しやすい（図7－4）。ブームは長続きしない。というより、長続きしないからブームなのである。

図7－4：ブームは長続きしない

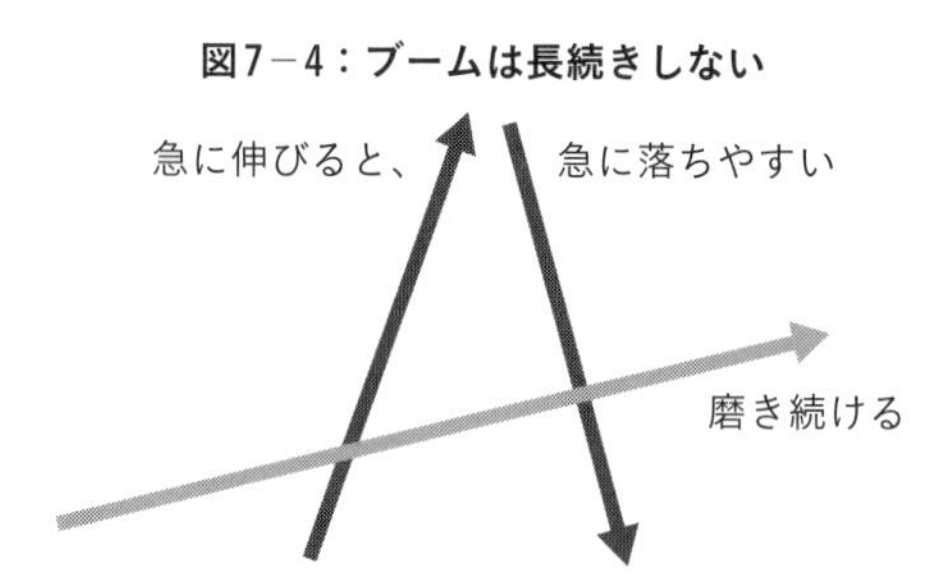

「ブーム」と呼ばれたら、喜ぶのではなく、逆に気をつける必要があるということだ。

長く人々の支持を受けている強いブランドは、あえて供給を絞るケースも少なくない。とくに、食の分野では食べ過ぎると消費者は飽きてしまう。一気に量を増やすのではなく、つねに磨き続けることがロングセラーになるポイントだろう。

第8章

農業の体験価値を伝えよう

コトの中に農産物を位置づける

経済が成熟化すればするほど、人は「形あるモノ」ではなく、「形のないコト」に価値を見出すようになる。ＩＴ化が進めば進むほど、逆にリアルでアナログな「体験」の価値も高まる。

たとえば、音楽業界を見てみよう。

ＣＤなどの音楽ソフトの生産量は減少を続ける一方で、ライブの売上高は増加している。図８－１に示すように、すでに音楽業界では、「コト」が「モノ」を逆転している。消費者は音楽を「聴く」だけでなく、五感全体で音楽を「体験」したいのである。

農業においても、傾向は同様だろう。

農産物を「食べる」だけでなく、農に関する「体験」が価値を持つようになっている。たとえば、農村観光、農場訪問、果物・野菜の収穫体験、生産者との交流、貸農園、農家レストラン、農園カフェなど、「体験価値」の重要性がますます高まっているということだ。

そう考えると、現代の農業を「第一次産業」の枠組みで捉えることは、時代遅れかもしれない。

図8－1：モノからコトへ（音楽業界の例）

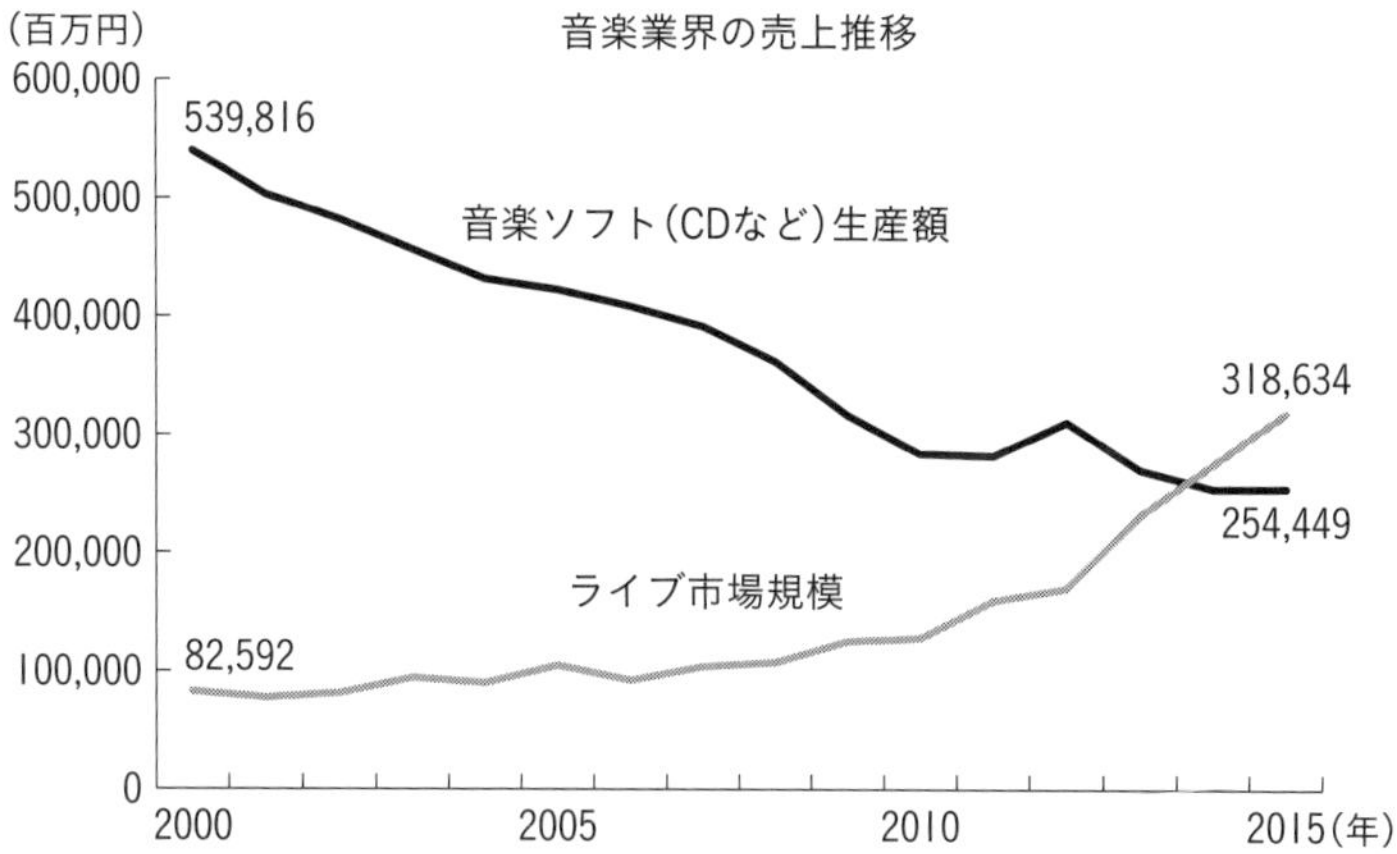

（百万円）
音楽業界の売上推移
600,000
539,816
500,000
音楽ソフト（CDなど）生産額
400,000
318,634
300,000
254,449
200,000
ライブ市場規模
82,592
100,000
0
2000
2005
2010
2015（年）

（出所）一般社団法人日本レコード協会、一般社団法人コンサートプロモーターズ協会の資料より筆者作成。

図8－2：「コト」の中に「農産物」を位置づける

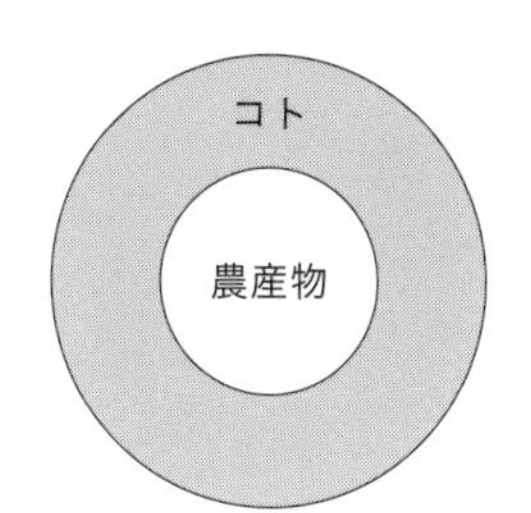

もちろん、第一次産業として、自然の恵みを享受し、農産物を生産する活動は大切だ。だが、生産活動だけで、農業が成長し発展していくことは難しい時代が来ていることも事実だろう。

21世紀の農業は、「モノづくり」第一主義から脱却し、「コト」の中に「農産物」を位置づけるという発想が求められている（図8－2）。

1の体験は、100の広告に勝る

産地で食べる農産物の味は、格別だ。農産物そのもののおいしさに加え、「こんな素晴らしい土地で作られたものは、おいしいはずだ」という心理や、「とれたてで鮮度のいいものは、おいしいはずだ」といった心理も作用する。社会心理学で「後光効果」「臨場効果」と呼ばれる心理的メカニズムだ。

農業の現場で、五感で体感する情報は、メディア経由の視聴覚情報とは質がまったく違う。

いくらお金をかけて広告をしたとしても、もしくは、何度消費地でイベントを開催したとしても、産地でのリアルな体験から得られる情報には、おそらくかなわないだろう。

消費地では、全国の産地が同じような試食会をしている。消費地でのプロモーションは、他産地との競争に埋もれてしまいやすい。

もちろん、消費地で無料の試食イベントをすれば、ある程度人は集まってくれるだろう。参加者の多くが「おいしい」と言ってくれるかもしれない。

だが、無料で試食をさせてもらえば、たとえ、おいしいと思わなかったとしても、「おいしい」と言いたくなるのが人間だ。1つぐらい土産に買ってもいいかなという心理にもなる。

無料の試食会での「おいしい」という評価は、「ありがとう」といったお礼程度に捉えた方が良いかもしれない。おそらく、その評価の多くはその場限りだ。リピーターにはなりにくい。

大切なのは、「おいしい」と言ってくれた人が、その後も食べ続けてくれるか、リピーターになってくれるかである。

図8－3：茶園訪問後の変化

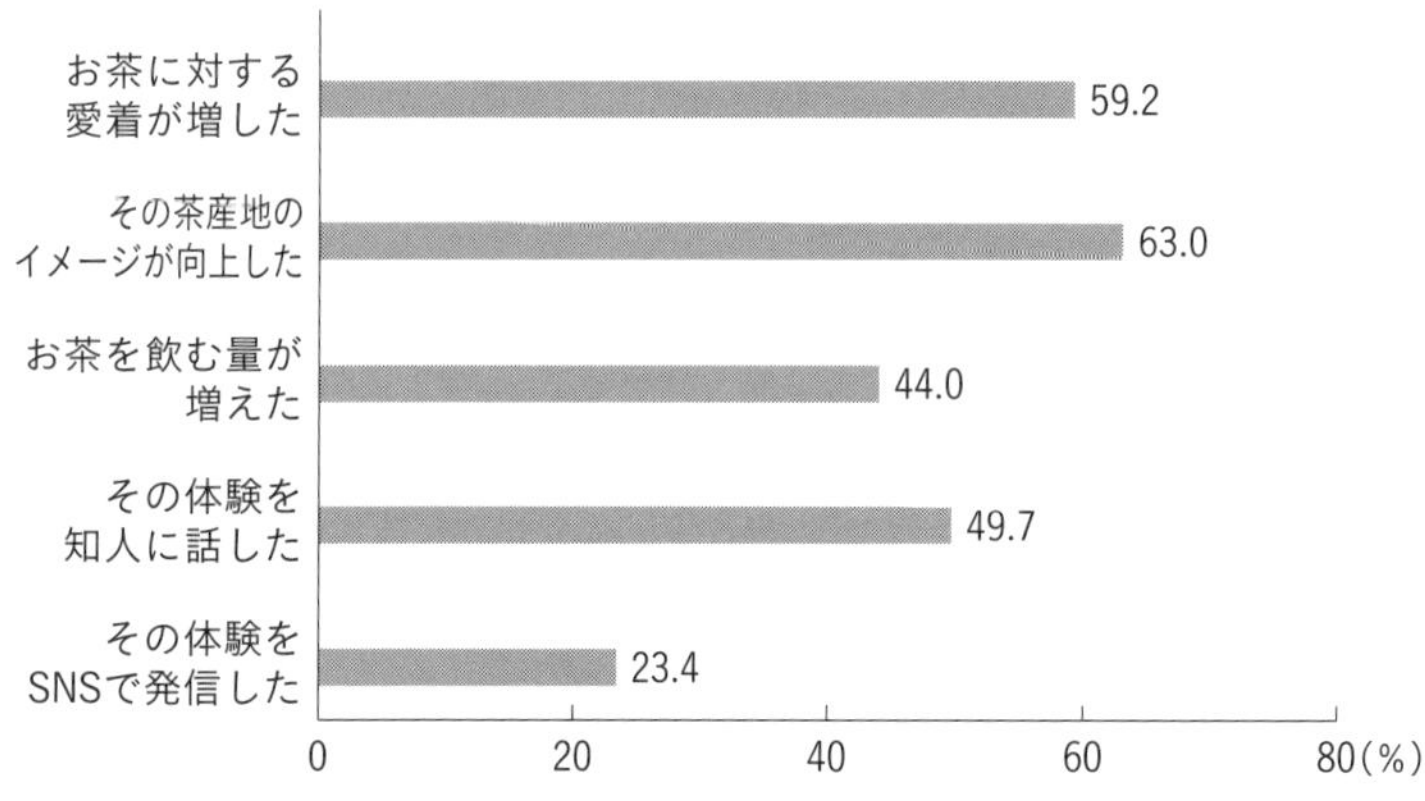

（注）図の数字は「そう思う」「ややそう思う」の合計。
（出所）茶園の訪問経験がある消費者（n＝316）（岩崎研究室調査、2015年11月）

消費地に行くより、産地に来てもらおう

消費地に販売促進に行くよりも、産地に来た人に、地域のおいしい農産物に出会ってもらおう。その方がはるかに効果的だ。たとえば、「消費地・東京」の試飲会で静岡茶を飲むのと、「産地・静岡」の茶畑で静岡茶を飲むのとでは感動が違う。産地での体験は、おいしさが風景とともに、心に刷り込まれる。

産地でおいしさの体験をすると、次にそのブランド名を見たり聞いたりしたときに、「あの時、おいしくて感動した」という記憶や、その土地の風景がリアルに再生される。おいしいイメージが思い浮かべば、購

買意欲も喚起されるはずだ。

産地で生産者と交流すれば、作り手と買い手との心理的距離が近くなり、ブランドとの感情的なつながりが生まれる。消費者は体験によって、ブランドを認識し理解するのである。

図8－3は、茶園を訪問したことがある消費者に、訪問後の変化を聞いたものである。この結果から、体験によって、さまざまな効果が生まれることが示唆される。

具体的には、次のような効果だ。

- ●「愛着向上効果」　体験後、その農産物に関する愛着が高まる
- ●「ブランド・イメージ向上効果」　体験後、その農作物や産地のイメージが向上する
- ●「需要促進効果」　体験後、その農産物の需要が促進される
- ●「口コミ促進効果」　体験後、その農作物や産地に関する口コミが促進される

「農業」と「観光」を掛け算しよう

「農業」と「観光」は極めて親和性が高い。現代の農業には、「地域の農産物を売る」という発想だけでなく、「農産物のある地域を売る」という発想が求められている。

地域の「農産物」を売る
↓
農産物のある「地域」を売る

その土地ならではの食との出会いが、地域の農産物への評価を高めるだけでなく、地域そのものの満足度にも結び付く。

単なる「名所旧跡」への観光は、一度行けば「もう行ったので」となり、リピートにはつながりにくい。

一方、産地への観光は、「もう一度、あれを食べたい」「また、あの生産者に会いたい」「また、あの空気を吸いたい」「また、あの自然に癒やされたい」とリピートが期待できる。

農産物のブランドを強化するために、もっとも効果的で効率的な方法も、産地に来ても

表8－1：「都市への観光」と「農村への観光」のどちらに魅力を感じますか

（%）

とても都市への観光	都市への観光	どちらかといえば都市への観光	どちらかといえば農村への観光	農村への観光	とても農村への観光
12.1	24.0	35.1	17.3	6.9	4.6

（出所）全国消費者1000人調査（2016年2月）


らい、そこでおいしい農産物を食べてもらうことだろう。農業者にとって、地域のホテル、旅館、旅行会社などの観光業者との連携も有効になるはずだ。

　農場は、農産物を生産するだけの場所ではない。農場そのものがコミュニケーションメディアだ。農業者が、農産物に込めた「思い」を伝える場所なのである。

　これからは、「農業」と「観光」を積極的に〝掛け算〟することを考えていこう。

農村観光にひかれる人々は、どのような特性を持つのか

　農業と観光の親和性を指摘したが、「農村観光に魅力を感じる人々」もいれば、「都市への観光に魅力を感じる人々」もいる。一口に「観光客」といっても多様だ。

　表8－1に示すとおり、回答者の約3割が、都市への観光よ

図8－4：「農村観光に魅力を感じる人々」の観光特性

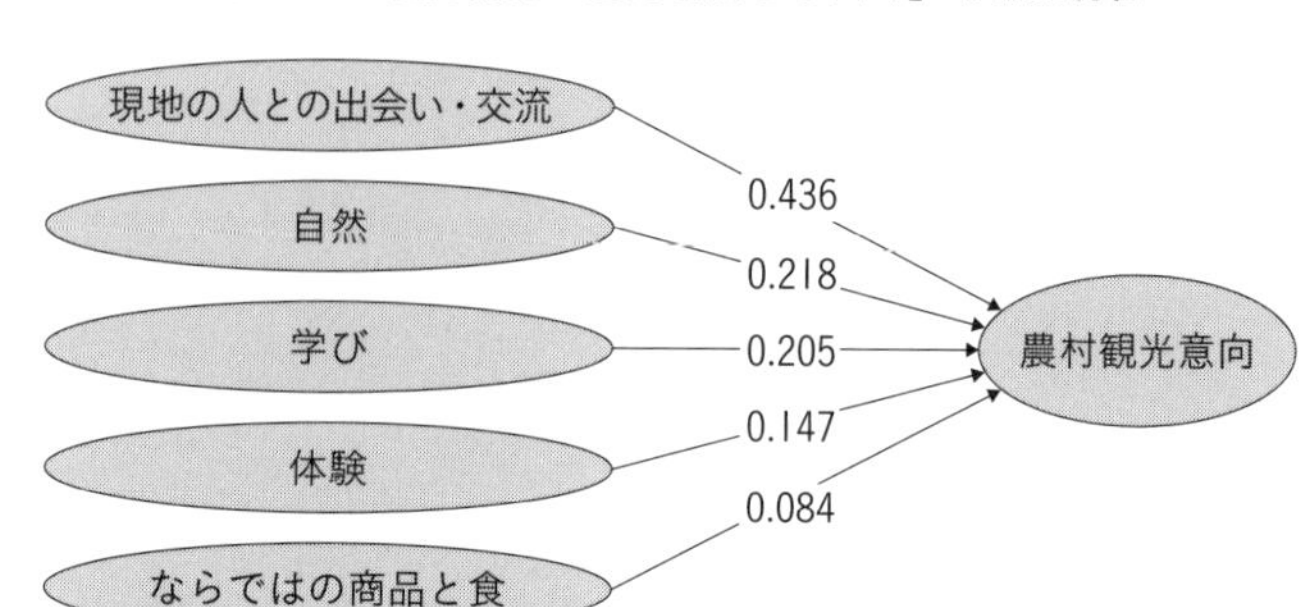

（注1）「現地の人との出会い」「自然」などの5つの従属変数は、観光特性に関する因子分析によって抽出された因子。独立変数「農村観光意向」は、「農村に旅行に行きたい」と「都市への観光よりも、農村の観光にひかれる」の2変数から抽出された主成分スコア。
（注2）分析は、ステップワイズ回帰分析。数字は標準化回帰係数であり、「農村観光意向」への影響度を示す。
（出所）消費者1000人調査（東京都に住む20代から60代の男女）（2016年10月）

りも、農村への観光に魅力を感じるとしている。農村観光には、確実な需要が存在していることが分かるだろう。

産地は、「都市への観光に魅力を感じる人々」をひきつけようと努力するより、「農村観光に魅力を感じる人々」を確実にひきつける方がはるかに効果的だ。「農村観光に魅力を感じる人々」の特性を調べ、その特性に適合したマーケティングを実行できれば、無理な売り込みをしなくても、顧客の方からやって来てくれるだろう。

では、「農村観光に魅力を感じる人々」は、どのような観光特性を有するのだろうか。

ターゲット消費者の特性が分かれば、そ

の人々に対して、どのようなアプローチをすればよいかが分かるはずである。

消費者の観光スタイルに関する調査データを分析した結果、「農村観光に魅力を感じる人々」の観光特性として、5つの因子が抽出された（図8－4）。

以下、「農村観光に魅力を感じる人々」（農村観光派）の特性を具体的に見てみよう。

①「現地の人々との出会い・交流」を重視している

農村観光に魅力を感じる人々は、観光地の選択において、

「地元の人々と交流ができる」
「現地の人との出会いがある」
「現地の人の暮らしに触れることができる」

ことを重視する消費者層である。

観光で農村を行きたい人々は、単に、農村を訪問するだけでなく、現地で人々との交流を楽しみたいと考えているということである。

②「自然」を重視している

農村観光に魅力を感じる人々は、観光地の選択において、

「自然が豊富にある」
「自然に触れられる」
「美しい風景がある」

といった要素を重視する消費者層である。

③「学び」を重視している

農村観光に魅力を感じる人々は、

「知識や視野を広げることができる」
「教養を深められる」
「その地域の文化・伝統を学ぶことができる」

といった項目を重視する消費者層である。
観光で農村を行きたい人々は、単に、産地を訪問するだけでなく、その地域のことを知り、学びたいと考えているのである。

④「体験」を重視している

農村観光に魅力を感じる人々は、

「普段できない体験ができる」
「新しい体験ができる」
「その地域でしか出来ない体験ができる」

といった項目を重視している消費者層である。
農業体験などが、魅力的な観光メニューになるということだ。

⑤「その地域ならではの商品や食」を重視している

農村観光に魅力を感じる人々は、

「特産品などに魅力的な商品がある」
「その地域ならではのお土産がある」
「その地域ならではの食がある」

といった項目を重視する消費者層である。

産地の農産物だけでなく、その地域ならではの「土産」や「食」も求めているということだ。

「農業」と「飲食業」を掛け算しよう

農業と観光の掛け算の次は、農業と飲食業の掛け算、「農家レストラン」をとり上げよう。

農家レストランは、消費者にとって、農産物を利用したおいしい食を提供してくれるだけでなく、農業を身近な存在に変えてくれる存在でもある。

農業者にとっても、農家レストラン経営のメリットは大きい。たとえば、以下のようなメリットだ。

- 「生産意欲喚起」
  顧客が「おいしい」といって喜ぶ姿が見えるので、生産意欲が喚起される。
- 「消費者ニーズ把握」
  顧客の声を聞くことができるため、農産物への評価を把握できる。
- 「情報発信」
  農産物へのこだわりを直接消費者に伝えることができる。
- 「口コミ発生」
  食を提供することによって、リアルやSNS上の口コミが生まれやすくなる。
- 「付加価値向上」
  加工によって、付加価値が向上する。
- 「素材の有効活用」
  農産物が無駄なく有効に利用できる。
- 「農産物売上向上」
  試食効果によって、「農産物そのもの」の売上増加につながる。
- 「ブランド力向上」
  体験によって「農産物そのもの」のブランド・イメージが向上する。

表8－2：「都会のレストラン」と「農家レストラン」のどちらに魅力を感じますか

（％）

とても都会のレストラン	都会のレストラン	どちらかといえば都会のレストラン	どちらかといえば農家レストラン	農家レストラン	とても農家レストラン
14.2	20.3	32.5	21.0	6.8	5.2

（出所）表8－1と同じ

「農家レストラン」にひかれる人々の特徴

観光分野で、都市観光派と農村観光派がいたように、レストランでも「都会のレストランに魅力を感じる人々」もいれば、「農家レストランに魅力を感じる人々」もいるはずだ。

表8－2に示すとおり、回答者の約3割が、都会のレストランよりも、農家レストランに魅力を感じると回答している。

では、「農家レストランに魅力を感じる人々（農家レストラン派）」は、どのような消費者層なのであろうか。

ここでは、農家レストラン派の「食」や「買い物」に関する特性を調べてみた。農家レストラン派の特性が分かれば、その人々に対して、どのようなアプローチをすればよいかが分かるだろう。

分析結果は、図8－5に示したとおりである。

「農家レストラン派」の特性として、6つの因子が抽出された。

以下、「農家レストランに魅力を感じる人々」（農村レストラン

図8－5：「農家レストランで食事をしたい人々」の食や買い物に関する特性

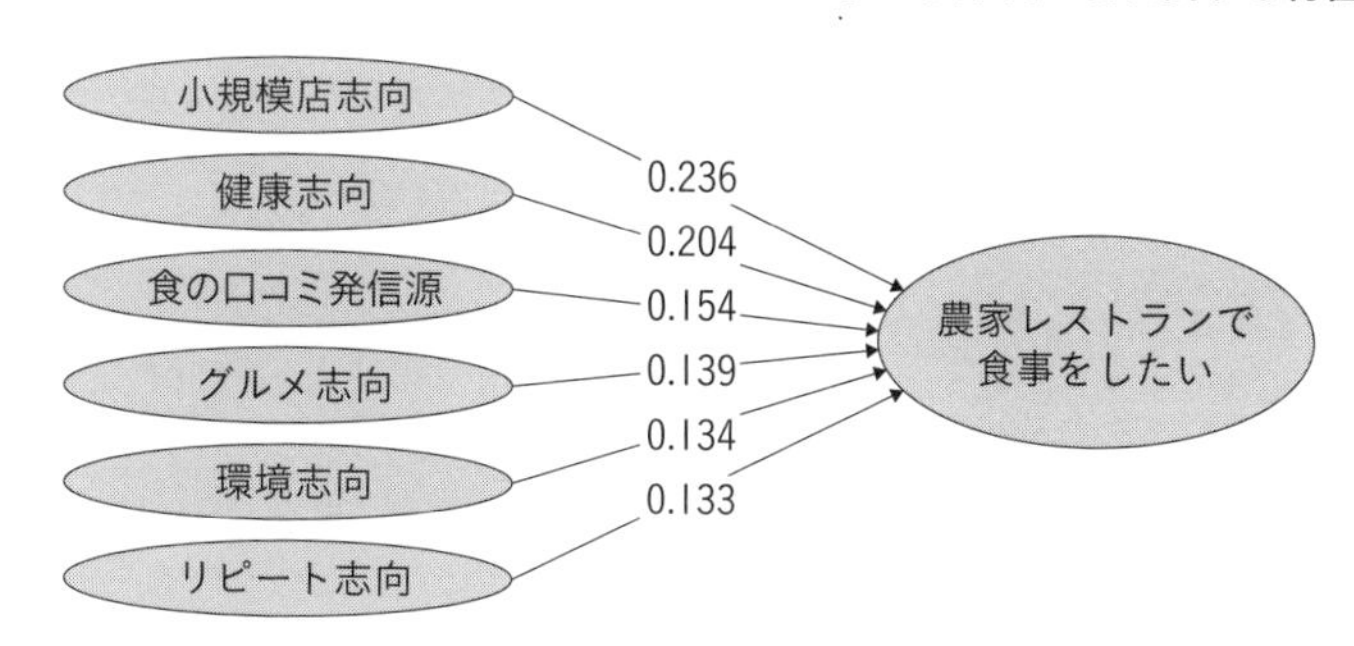

（注1）「小規模店志向」「健康志向」などの6つの従属変数は、食や買い物特性に関する因子分析によって抽出された因子。独立変数は、「農家レストランで食事をしたい」（5ポイントスケール）。
（注2）分析は、ステップワイズ回帰分析。数字は標準化回帰係数であり、「農家レストランで食事をしたい」への影響度を示す。
（出所）全国消費者1000人調査（2016年2月）

派）の特性を具体的にみてみよう。

①　小規模店志向である

農家レストランに魅力を感じる人々は、

「できれば、大規模店でなく、小規模店を利用したい」
「小さな店での買い物が好き」
「買い物では、店員とのコミュニケーションを重視する」

といった特徴を有する。

農家レストランにおいては、規模が小さなことは「弱み」ではない。逆に、小規模が「強み」になることを示唆する結果である。

店舗が小さければ、作り手と食べ手のコミ

ユニケーションが密になり、こだわりも伝えやすい。大規模レストランよりも、小さなレストランの方が、生産者の個性を発揮しやすいはずだ。

② 健康志向である

農家レストランに魅力を感じる人々は、

「まず、健康・栄養を考えて食品を選ぶ」
「健康を考えて、食事をしている」
「食品の健康効果に関心が高い」

といった特徴を有する。

農産物の健康効果を発信することで、農家レストラン派の人々をひきつけることが期待できるだろう。

③ 食の口コミ発信源である

農家レストランに魅力を感じる人々は、

「知人から食に関する情報を聞かれることが多い」
「食に関する情報を人に伝えることが多い」
「普通の人に比べ食品についてよく知っている」

といった特徴を有する。

農家レストラン派の人々をひきつけることができれば、顧客が顧客を呼んでくれるという「口コミ」のメカニズムが期待できるということだ。「類は友を呼ぶ」という言葉のとおり、「農家レストラン派」の友人も、「農家レストラン派」である可能性が高い。

④ グルメ志向である

農家レストランに魅力を感じる人々は、

「食へのこだわりは大きい」
「グルメである」
「食は私にとって関心のある重要なものである」

といった特徴を有する。

農家レストランで提供する食は、中途半端なものではなく、農業者としての専門性や、素材の特性を発揮した「ほんもの」であることが不可欠である。

⑤ 環境志向である

農家レストランに魅力を感じる人々は、

「自分は環境に関心を持っているほうだ」

「環境問題は、私のライフスタイルに影響している」

「私は環境に優しい消費者だと思う」

といった特徴を有する。

農家レストランの経営においては、環境への配慮が欠かせないということだろう。

⑥ リピート志向が強い

農家レストランに魅力を感じる人々は、

「気に入ったお店は、繰り返し利用したい」
「気に入った商品は、繰り返し購入したい」

といった特徴を有する。

一度気に入ってもらうことができれば、リピーターになってくれる可能性が高い、理想的な消費者層である。

農家レストランにおけるマーケティングのポイント

農業者が、一般的な「洋食レストラン」や「和食レストラン」を経営しても、おそらく成功は難しい。農業者としての「強み」を徹底的に活用しなければ、数ある飲食店に埋もれてしまう。消費者の共感も得ることはできないだろう。

何よりも大切なことは、「消費者が〝農家〟のレストランに何を期待しているのかを理解し、それに応えていく」ということである。

以下、農家レストランのマーケティングに成功するためのポイントを検討してみよう。

①軸は、あくまで「農業」である

「農家レストラン」は、「農家」＋「レストラン」に分割できるが、その軸は、あくまで「農家」にあって、「レストラン」ではない。「レストラン」を農家が経営するのではない。「農家レストラン」を経営するのである。

× レストランを農家が経営する
○ 農家レストランを経営する

気をつけなければいけないのは、レストランの土俵に入ってしまうことだ。レストランの土俵に入ったとたん、熾烈な競争に巻き込まれる。

では、いかに一般のレストランと「土俵を変える」のか。

具体的には、新鮮な素材をふんだんに使えるという〝農家ならでは〟の強みを活かすなど、「農家にしかできないこと」で勝負するという発想が欠かせない。

たとえば、イチゴ農家であれば、イチゴを丸ごとかき氷にするなど、スイーツ業界ではできないメニューで勝負をする。メロン農家であれば、メロン農家だからこそできる100%メロンジュースを提供する。養豚業であれば自らの商品特性を生かした「とんかつ」、養鶏業者なら生まれたての卵を贅沢に使った「オムライス」や「親子丼」で勝負するといったイメージである。

顧客にとっては、「農家が普段食べている食」も魅力的だろう。

「自分たちにとって当たり前だ。こんなもので、都会の人が喜ぶはずはない」

こう決めつけてしまう農業者がいるが、そうではない。農村の日常的な食事は、おそらく、多くの都会の人々にとっては日常ではない。非日常が、顧客がわざわざそこに足を運ぶ理由になる。

農産物のプロである農家が普段食べている農産物は、おいしいはずだという連想も期待できるだろう。

「農家が普段食べている」→「農家は農産物のプロ」→「おいしいはずだ」

農家レストランの店舗を、都会のレストランのように極端にスタイリッシュにしてしまうのも、よくないかもしれない。農家らしさが失われてしまうからだ。

農家らしさを感じられないと、消費者の共感を得にくくなる。顧客にとっては、農家の日常が価値になるということである。

② メニューの「足し算」をやめよう

うどん、そば、ラーメン、天丼、カレーライス、おむすび、いなり寿司
お好み焼き、たこ焼き、餃子、唐揚げ、おでん……

これは、ある中山間地域の農家レストランのメニュー表である。うどん、ラーメン、天丼など極めて多様なメニューがある。

「メニューが多ければ、満足してくれるはず」
「都会の人に満足してもらうために、たくさん品ぞろえをしたい」

こういった意見を農業者から聞くことがあるが、逆である。メニューの「足し算」の発想は極めて危険だ。メニューを「足し算」すればするほど、農村レストランの「個性」や「こだわり」は薄まり、満足度は低下してしまう。

既述のとおり、とくに農村レストランにひかれる人々は、食への「こだわり」が強い消費者だ。

加えて、農業者にとって、経営資源は限られている。メニューを広げれば広げるほど、各メニューに投入できる経営資源は薄くなる。

個性やこだわりが魅力になる成熟社会においては、「何でもある＝何もない」である。ここでなくても食べられる料理、どこにでもあるメニューは扱わないといった「引き算」の発想が、農家レストランには必要だ。

たとえば、イチゴ農家のカフェなら、徹底的にイチゴを利用したメニューでいく。わさび農家のレストランなら、わさびを使用した料理以外は提供しない。お茶農家のカフェなら、コーヒーは出さず、徹底的にお茶を活用したメニューに絞り込むといった発想である。

③「核となる商品」をつくろう

「他でも食べられるメニュー」をいろいろと提供するよりも、そこにしかない「1つのお勧めメニュー」がある方がはるかに効果的だ。

消費者の支持を受けるレストランには、たいていシンボルとなるメニューがある。「二兎を追うものは一兎をも得ず」である。

●（農家レストラン名）と言えば、「A」だ。

●「A」と言えば、（農家レストラン名）。

「A」のようなシンボルとなるメニューを提供しよう。多様なニーズに応える農家レストランではなく、「A」が人気メニューの農家レストランになることである。

現代は、個性が顧客の満足度に結びつく時代だ。「いろいろ」「たくさん」は選ばれる理由にはならない。

一方、「これぞ」というシンボルメニューがあれば、顧客に選ばれやすい。シンボルがあれば、口コミやSNSにも乗りやすくなるはずだ。

④「ライブ感」を大切にしよう

農家レストランは、料理だけを売るのではない。「とれたて感」「できたて感」「対面のコミュニケーション」といったライブ感も重要だ。

「周辺の景色」も、「農村ならではの空気」も価値になる。農家レストランでは、料理を食べるだけでなく、そこで過ごす時間そのものが顧客にとって大切なのである。

ある地域で、農家レストラン経営に成功したとしても、安易に他地域に支店展開をするのは危険かもしれない。ライブ感がなくなり、消費者の共感を得にくくなる可能性があるからだ。

農家レストランは、土地との結びつきが重要である。消費者は「その土地で、その土地のものを食べたい」のである。

⑤「飽きない」を意識しよう

人気のある農家レストランの共通点は、リピーターが多いことだ。一度来てもらって「とてもおいしかった」と喜んでもらえたとしても、それで満足して、二度と来てもらえなくては、経営はじり貧になってしまう。

「商い」は「飽きない」と言われるように、リピーター確保には、また食べたい味、飽きない味の提供がポイントになる。

看板メニューがいくらおいしくても、それだけでは飽きられてしまうかもしれない。六次産業化におけるロングセラー商品を生み出すポイントでも述べたとおり、農家レストランにおいても、「変わらないもの」（看板メニュー）と、「変わるもの」のバランスが重要である。季節限定のメニューなどで変化をつけることも、飽きさせないためには有効だろう。

第9章

さあ、前に踏み出そう！

ここまで、農業におけるマーケティング的な発想の重要性や、農業のマーケティングを実践するための具体的な方向性を検討してきた。

農業者にとって、マーケティングの方向性、すなわち、「やり方」を理解することは、極めて重要である。しかし、それだけでは、マーケティングの成果をあげることはできない。マーケティングの前提となるのは、前向きな意識、すなわち「やる気」である。

前向きな意識を持って、適切なマーケティング戦略を、ぶれずに継続することができれば、マーケティングの成果は生まれるはずだ。

やる気 × やり方 × 継続力 ＝ マーケティング成果

最終章では、前向きなマーケティング行動を促進するために欠かせない、農業者の「意識」や「考え方」の問題について検討することにしよう。

マーケティングの失敗を招く4つの誤解

農業の現場では、農業者の前向きなチャレンジの阻害要因となり、マーケティングの失敗を招きかねない、いくつかの「誤解」や「注意すべき発想」が見られる。

以下では、具体的にどのような誤解があるのか、その誤解がどのような危険をもたらすのかについてみていくことにしよう。

ここでとりあげるのは、「消費減少」「後継者問題」「小規模農業」「経営改善」に関する見方である。

①「『○○離れ』だから、厳しい」という誤解

第一の誤解として取り上げたいのは、農業の不振の原因が、「○○離れ」「消費減少」といった消費者サイドにあるという考えである。


「コメ業界が不振なのは、消費者のコメ離れが原因だ」

「茶業界が不振なのは、茶葉の消費支出の減少が原因だ」

「最近の若い人はお茶を淹れない。だから、業界の将来は暗い」

「茶業界が不振なのは、消費者の急須離れが原因だ」


このように、業界の不振の原因を、消費者に帰属させる意見を聞くことが多いが、本当だろうか。

もしかすると、「原因」と「結果」が逆かもしれない。

「コメ離れ」だから不振なのではなく、マーケティングなどの「やり方」に問題があるから、コメ離れが進んでいる。「茶葉への消費支出が減少」しているから不振なのではなく、マーケティングがうまくできていないから、茶葉への消費支出が減少しているのではないだろうか。

「最近の若者は、お茶を淹れない」というよりも、「若者が淹れたくなるようなお茶を、業界が提供できていない」という側面があるはずだ。

「急須離れ」も、「急須が面倒だから使われない」というよりも、消費者に「急須で淹れる愉しみを伝え切れていない」から、消費者が急須から離れてしまったのではないか。

たとえばコーヒーを考えてみよう。

いまだにコーヒー豆の「手挽きのミル」がスーパーマーケットなどでも売られている。なぜだろうか。そう、コーヒーの分野では、淹れるプロセスを楽しんでもらうという発想があるからだ。

マーケティングの成果をあげるためには、「〇〇離れ」（消費減少）を、不振の〝原因〟＝過去として捉えるのではなく、「やり方」の〝結果〟として捉えることが必要である。

「原因」と「結果」を間違えてしまうと、衰退のスパイラルに陥ってしまう。

	(原因)		(結果)
×	「○○離れ」	↓	「不振」
○	「やり方に問題あり」	↓	「○○離れ」

我々は、不振の要因を無意識に「○○離れ」といった外的要因に帰属させてしまう心理的傾向があるが、このような考え方には気をつけなければならない。

農業者が、不振の原因を「○○離れ」「消費減少」など消費者サイドにあると思い込んでしまうと、自助努力や創意工夫につながらない。チャレンジしようという前向きな意識も生まれてこない。

図9－1を見てほしい。不振の要因を「消費者の生活スタイルの変化」に帰属させる農業者ほど、業績が悪いことが明らかである。

「**自分が誰かに指を向けているときには、あと三本の指が指しているものに注意**」（中国のことわざ）。

図9－1：不振の要因を消費者に帰属させる農業者ほど、業績が悪い

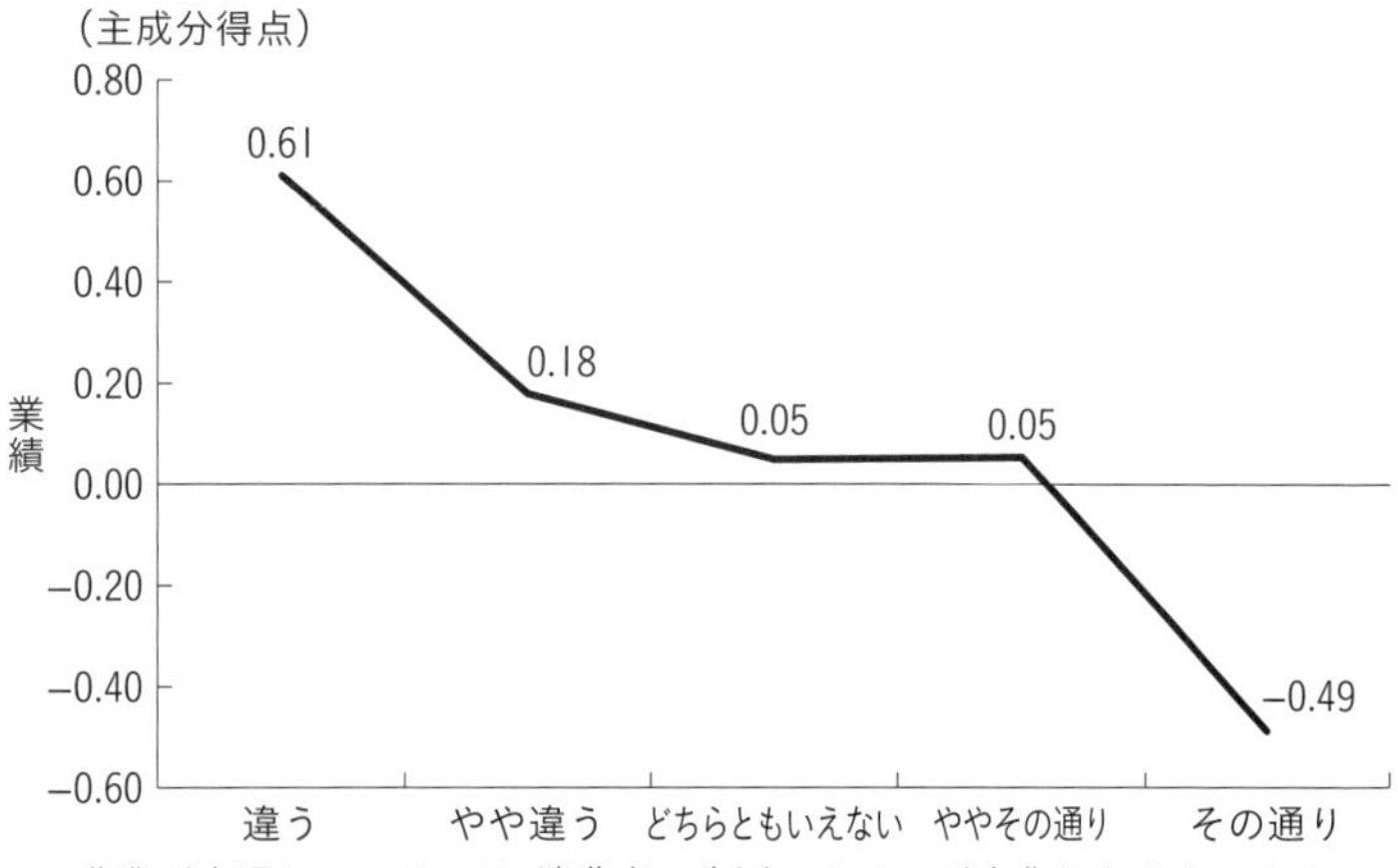

（注）図4－4と同じ
（出所）全国農業者調査（n＝469）（2016年2月）

外的要因のせいにする前に、まずは自らのやり方に問題がないかを考えよう。

業績は、「外的要因」と「自らのやり方」（内的要因）の掛け算である。「外的要因」は自分の力ではどうにもならない。

いや、自分で変えることができないから「外的要因」なのである。変えることができるのは「自らのやり方」（内的要因）である。

業績　＝　「内的要因」　×　「外的要因」
（変えることができる）　（変えることができない）

本当のプロは、失敗したとしても「外的要因」のせいにはしないはずだ。

たとえば、プロ野球で、バッターが打てないときに、ピッチャーのせいにするだろうか。ピッチャーが勝てないとき、相手チームや味方のバッターのせいにするだろうか。ありえない。

不振の原因は自らにあると考える。プロとはそういうものだ。

農家は、農業のプロである。

外的要因を嘆くのはやめよう。それでは何も変わらない。時間だけが過ぎていく。内的要因に目を向け、自らが変わる方がずっと生産的だろう。

②「後継者がいないから、厳しい」という誤解

第二の誤解は、後継者問題に関する考え方である。

「後継者がいないから、農業は厳しい」

「生産者の高齢化が進んでいるから、農業は衰退している」

農業の分野では、こういった意見を頻繁に耳にする。農業者に経営課題を聞いてみても、「後継者不足」をあげる人が多い。

では、本当に「後継者不足」は、不振の「原因」なのだろうか。誤解①と同様に、こちらも原因と結果が逆かもしれない。

後継者がいないから不振なのではなく、不振だから後継者がいないということである。

（原因）　（結果）

×「後継者がいない」→「不振」

○「不振」→「後継者がいない」

このことはデータからも明らかだ。

図9－2を見てほしい。業況が好調な農業者の大部分には、後継者がいることが分かる。

「農業はもうかるとアピールできれば、後継者は必ず現れる」（70代農業者）

「高齢であることを理由に進化しようとしない傾向があるが、それを打破したい」（30

図9－2：好調な農業者には後継者がいる

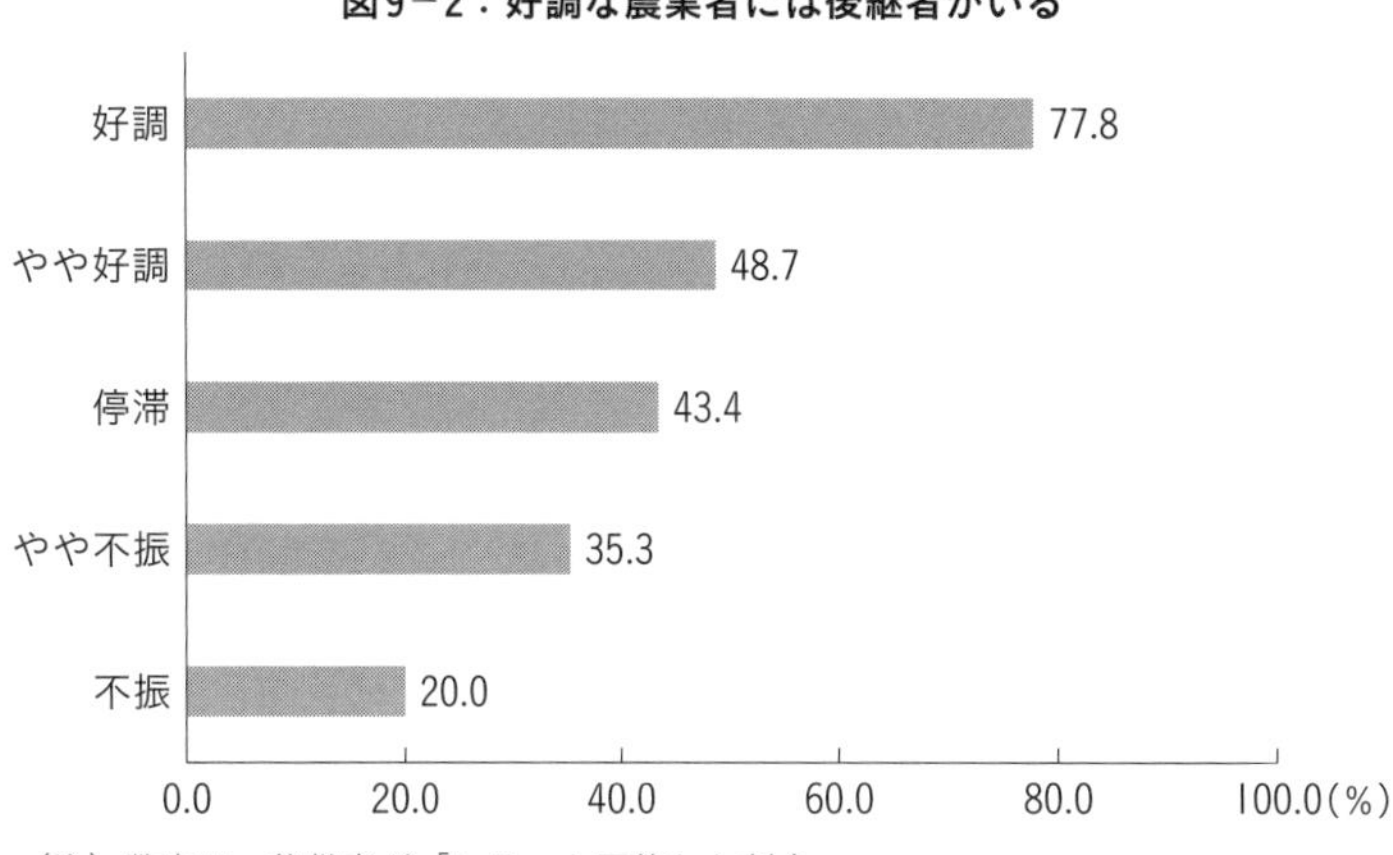

（注）数字は、後継者が「いる」と回答した割合
（出所）静岡市・岩崎研究室調査、2014年10月、n＝183（静岡市の認定農業者）

代農業者）

効果的にマーケティングを実践して、農業者が元気になれば、後継者問題の多くは解決するはずだ。

③「規模が小さいから、競争力がない」という誤解

第三の誤解は、「小規模農業」に関する考え方である。「日本の農業は規模が小さいから、諸外国の農業に太刀打ちできない」といった話を聞くことがある。本当だろうか。

たとえば、農業分野で国際的なプレゼンスが高い「オランダ」や「デンマーク」の両国の国土をみると、日本の面積のわずか11％に過ぎない。乳製品の輸出が世界一である「ニ

ユージーランド」の国土は、日本の面積の71％にとどまる。

第1章で見た「人口1人当たりの農産物・食糧品輸出額の世界ランキング」（表1―1）をみると、上位10か国、すべてが日本よりも小さいか、同じぐらいの大きさの国だ。農業の競争力が弱い原因を農業の小規模性に帰属させるのは危険かもしれない。

国内マーケットに目を向けても、小規模農業に追い風が吹いている。ここで、我が国の消費者ニーズの大きな流れを見てみよう。

（20世紀）		（21世紀）
画一性	↓	個性
量	↓	質
総合	↓	専門性
無難	↓	本物
効率性	↓	感性
全国	↓	地域

21世紀の消費者ニーズである「個性」「質」「専門性」「本物」「感性」「地域」といった次元において優位にあるのは、大規模農業だろうか、小規模農業だろうか。

いずれの項目も、規模が大きいから優位になるものではない。逆に、小規模が優位に作用し得る。そう、今は、「小規模＝弱者」の時代ではないということだ。

にもかかわらず、「大きいことは、いいことだ」と、規模拡大だけを追求する姿勢は危険かもしれない。大規模農業には「〝大〟の方向性」があり、小規模農業には「〝小〟の方向性」がある。

④「経営改善をすれば、強くなれる」という誤解

第四の誤解は、「改善」重視の農業経営である。

農業経営の分野では、「経営改善」という言葉が使われることが多いが、「改善」重視の発想は、おそらくマーケティングの妨げになる。

なぜか。

改善とは、「短所」「弱み」「劣ったところ」に着目する発想だ。だから、「長所の改善」「強みの改善」という言葉には、明らかに違和感がある。「短所の改善」であり、「弱みの改善」である。

図9－3：「弱みの改善」に勝る「強みの伸長」

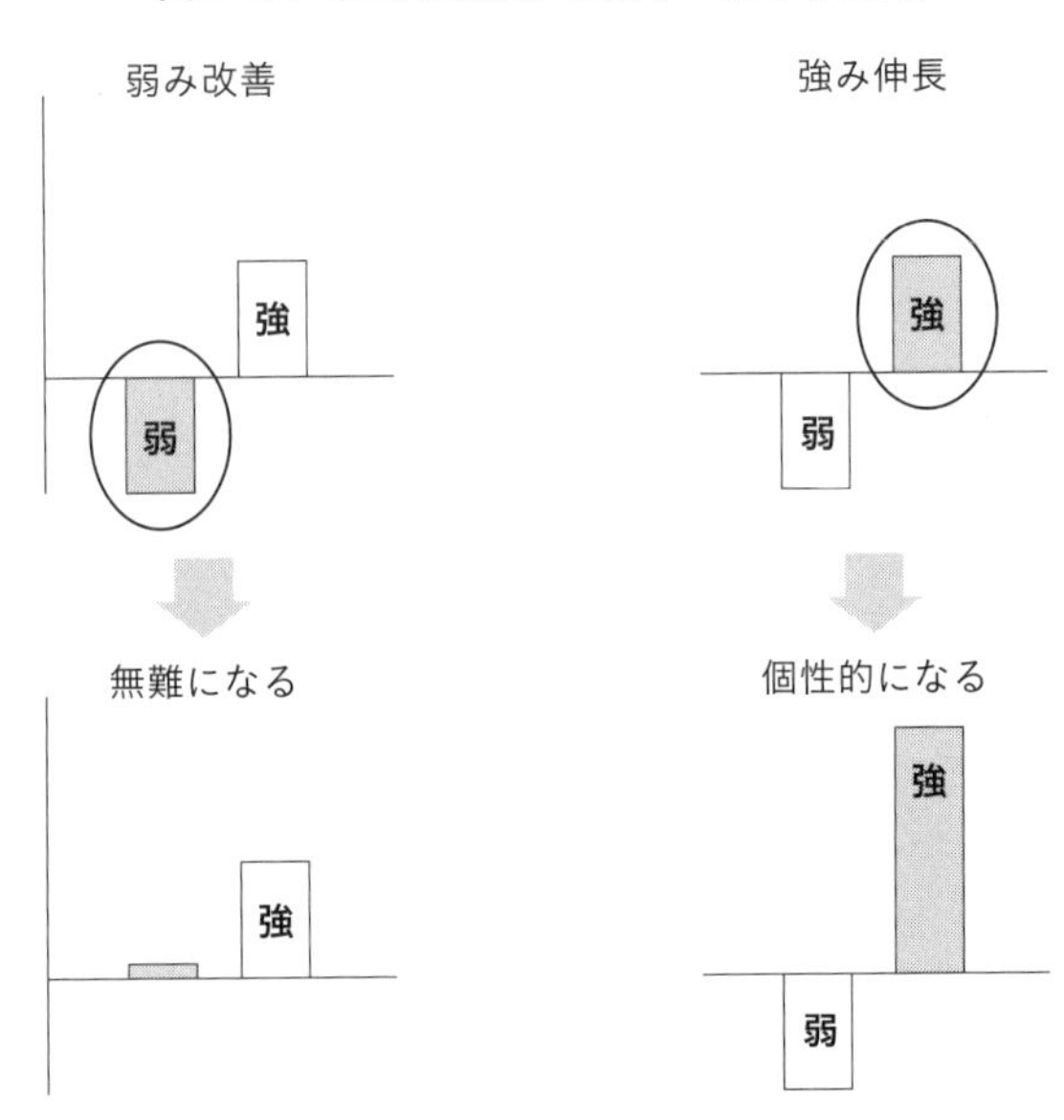

「生産者は、欠点ばかりに目をやる」

これは、ある農家の言葉だ。劣ったところを改めても、「無難」＝「平均点」になるだけだ。個性は生まれない。

マーケティングの成果をあげるためには、「弱み」（短所）の改善よりも、１つでも「強み」（長所）を見つけ、それを伸ばす方が、はるかに有益である（図9－3参照）。

実際、「苦味のあるビール」が、消費者の「苦い」という声に対応して、苦味をなくしたとたん、どこにでもあるビールになり、売れなくなるといったことが起こり得る。平均点の商品は、ブランドにはならないということだ。

どんな商品にも、欠点が1つか2つぐらいあるのは当然だろう。

優れたブランドは、欠点があったとしても、それを補ってあまりある強みを持っている。強い農業者を生み出すのは、「経営改善」ではなく、「経営向上」「経営発展」である。

× 「弱みを改善しよう」

○ 「強みをもっと伸ばそう」

少しくらい欠点があるほうが、消費者の記憶に残りやすい。弱みがあるからこそ、個性が際立ち、人をひきつける。

たとえば、香水の魅惑的な香りも、「芳香」と「悪臭」を組み合わせている。芳香だけを組み合わせると、ただの芳香剤になってしまう。

視点を変えれば、「弱み」も「強み」に変わるかもしれない。いくつか例をあげよう。

（弱み）	視点転換	（強み）
●皮が固い	↓	歯ごたえがある
●味が安定しない	↓	味の変化が楽しめる
●生産量が少ない	↓	希少な商品
●形が不ぞろい	↓	個性的な外見
●味が薄い	↓	あっさりした味
●酸味がある	↓	すっきりした味
●味にバラつきがある	↓	味の変化が楽しめる
●味が淡白	↓	飽きのこない味

「弱み」は、個性にもなるし、視点を変えれば「強み」にもなるということだ。農産物の「強み」「弱み」を決めるのは、生産者ではなく、消費者である。生産者の視点だけで、決めつけてしまうことには気をつけよう。

さあ、行動しよう！

「何をしても無駄だと諦めてしまう」
「現状に満足して、前向きなチャレンジを止めてしまう」

農業者にとって最大の「脅威」は、そういった自分自身の心かもしれない。農業者を取り巻く環境が変化する中で、現状維持は「後退」を意味する。現状を維持したいのであれば、少なくとも世の中の動きに合わせて、進化する必要がある。

次の質問を、自分自身に問いかけてみよう。

●「進化」しているか？　（少しでも前に進んでいるか）
●「深化」しているか？　（少しでも深くなっているか）
●「新化」しているか？　（少しでも新しい何かを生み出しているか）

図9－4をみてほしい。

図9−4：前向きなチャレンジを続ける農業者ほど、好業績

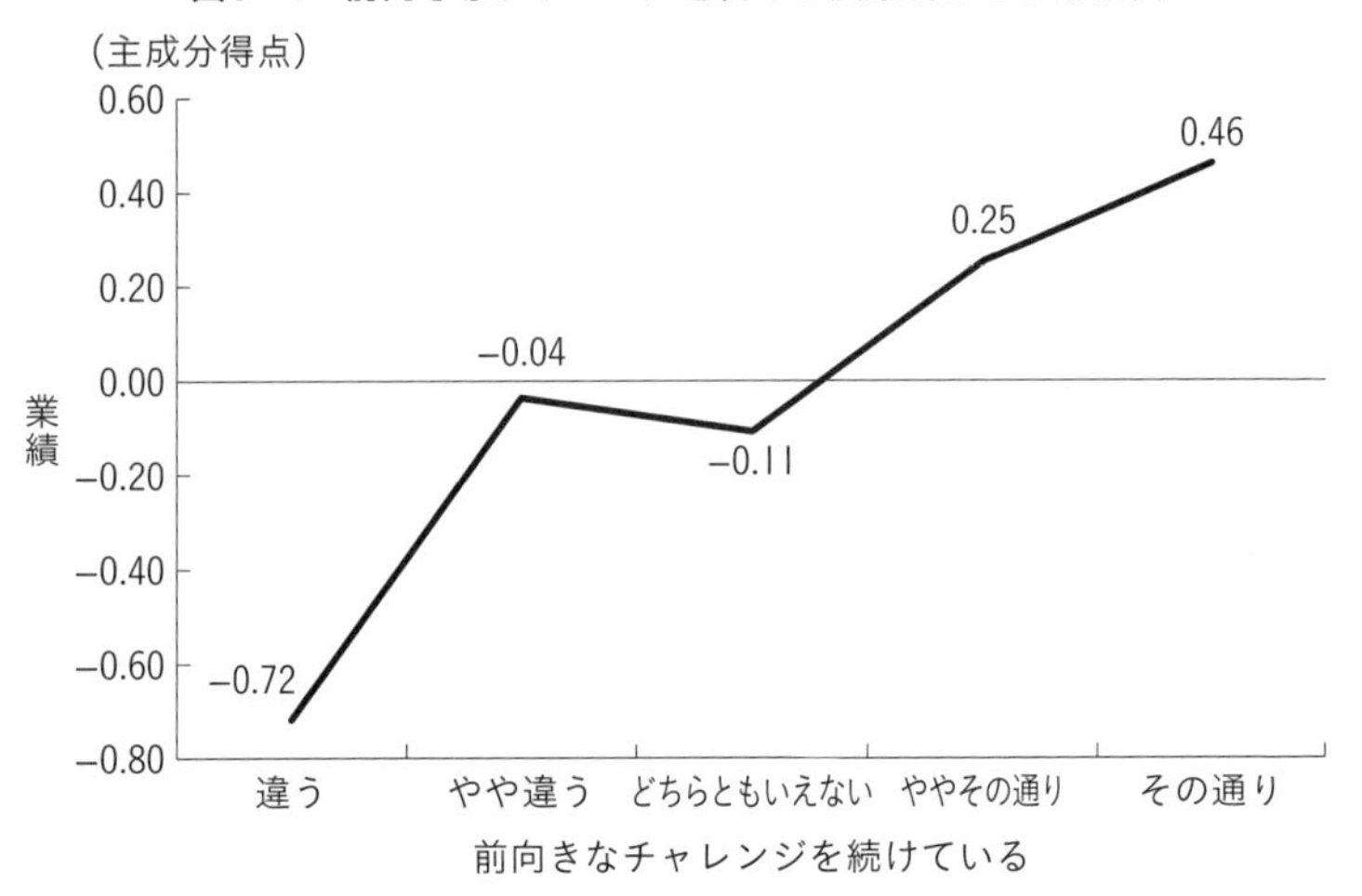

（注）図4−4と同じ
（出所）図9−1と同じ

図9−5：チャレンジの継続が進化につながる

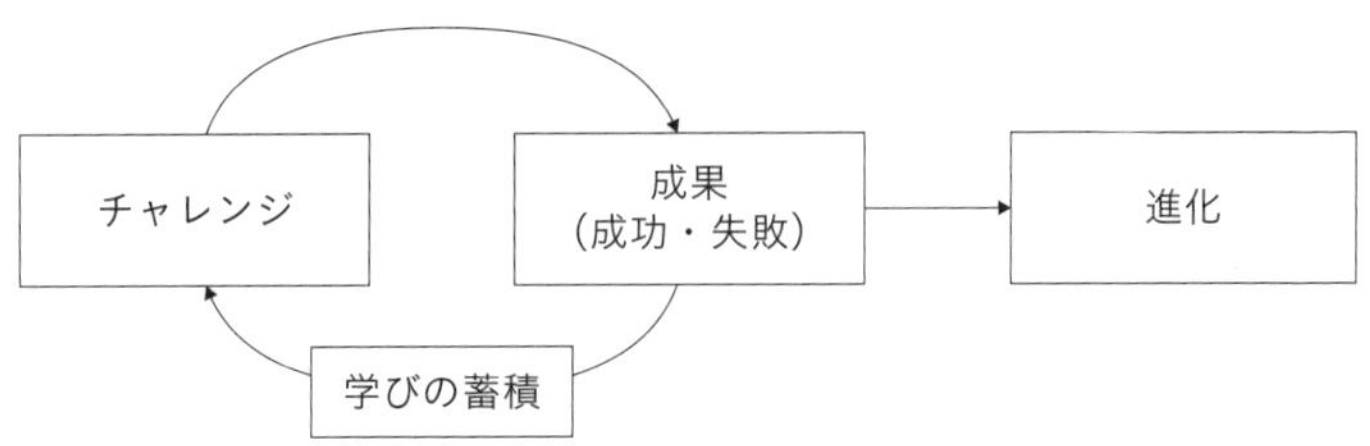

前向きなチャレンジを続けている農業者ほど、好業績をあげている。失敗を恐れ、行動しなければ、マーケティングの成果を得ることはできないということだ。

失敗は成功の反対ではない。同じ方角を向いている。失敗も大切な「学び」となり、将来的な成功のタネになる。

「チャレンジ」と「成果（成功・失敗）」のサイクルを回し続けることで、農業者は次第に「進化」していくのである（図９－５）。

マーケティングは、「短距離走」ではない。大切なのは、「瞬発力」ではなく、「継続力」だ。たとえ、小さなチャレンジでも、その積み重ねが、大きな進化につながる。

マーケティングには、遅すぎることもないし、終わりもない。

さあ、前に踏み出そう！

おわりに

追い風が吹いていたら、帆を上げよう。
風がなければ、自ら漕ぎ出そう。
向かい風が吹いてきたら、回れ右をしてみよう。追い風に変わるから。

前向きにチャレンジし、成果をあげている農業者の方々を見ていると、この文に込めた「3つの発想」を持って行動しているように感じます。

「追い風に帆を上げる」＝機会を生かす
「自ら漕ぎ出す」＝自助努力・創意工夫
「回れ右をする」＝発想転換

この3つの発想が常に頭にあれば、時代の風が吹こうが止もうが、風がどんな方向に吹いたとしても、前向きな行動につなげることができるはずです。

本書では、これからの時代の農業におけるマーケティングの方向性を検討してきました。マーケティングの知識は、利用して初めて価値に変わります。行動につながらなければ、知識がないのと同じかもしれません。

21世紀の農業は、あれこれと悩んでばかりで行動をしない「悩業」であってはいけません。大切なのは知識を行動に変えることです。

本書が、農や食に関わる方々の前向きな行動と新たなチャレンジに、少しでも力になれるのなら、これほどうれしいことはありません。

本文でも見たとおり、農と食が元気な国は、幸せな国です。おそらく、この関係は国だけでなく、「地域」や「家庭」にも当てはまるはずです。21世紀の農業は、「農作物のタネ」を蒔く仕事というよりも、「幸せのタネ」を蒔く仕事なのかもしれません。

おいしい国は、幸せな国。

おいしい地域は、幸せな地域。

おいしい家庭は、幸せな家庭。

最後に、多くの学びを与えてくれた農業者の皆さまと、本書をお読みいただきました読者の皆さまに心よりお礼を申し上げます。

2017年9月

岩崎邦彦

参考文献

アラドナ・クリシュナ（著）『感覚マーケティング――顧客の五感が買い物にどのような影響を与えるのか』有斐閣、２０１６年
アル・ライズ他『ブランドは広告でつくれない 広告vsＰＲ』翔泳社、２００３年
稲垣栄洋『雑草に学ぶ「ルデラル」な生き方』亜紀書房、２０１２年
稲垣栄洋『弱者の戦略』新潮社、２０１４年
岩崎邦彦『小が大を超えるマーケティングの法則』日本経済新聞出版社、２０１２年
岩崎邦彦『スモールビジネス・マーケティング――小規模を強みに変えるマーケティング・プログラム』中央経済社、２００４年
岩崎邦彦『小さな会社を強くするブランドづくりの教科書』日本経済新聞出版社、２０１３年
岩崎邦彦『引き算する勇気――会社を強くする逆転発想』日本経済新聞出版社、２０１５年
岩崎邦彦『緑茶のマーケティング――〝茶葉ビジネス〟から〝リラックス・ビジネス〟へ』農山漁村文化協会、２００８年
上原征彦（著、編集）『農業経営 新時代を切り開くビジネスデザイン』丸善出版、２０１５年
大泉一貫『希望の日本農業論』ＮＨＫ出版、２０１４年
大泉一貫『日本の農業は成長産業に変えられる』洋泉社、２００９年
大竹文雄他『日本の幸福度　格差・労働・家族』日本評論社、２０１０年
大橋正房他『「おいしい」感覚と言葉 食感の世代』Ｂ・Ｍ・ＦＴ出版部、２０１０年
紺野登『幸せな小国オランダの智慧』ＰＨＰ研究所、２０１２年

澤浦彰治『農業で成功する人　うまくいかない人――8つの秘訣で未経験者でも安定経営ができる』ダイヤモンド社、2015年
セオドア・レビット『T・レビット マーケティング論』ダイヤモンド社、2007年
髙島宏平『ライフ・イズ・ベジタブル――オイシックス創業で学んだ仕事に夢中になる8つのヒント』日本経済新聞出版社、2012年
デービッド・A・アーカー『ブランド優位の戦略』ダイヤモンド社、1997年
デービッド・A・アーカー『ブランド・エクイティ戦略』ダイヤモンド社、1994年
21世紀政策研究所編『2025年 日本の農業ビジネス』講談社、2017年
久松達央『小さくて強い農業をつくる』晶文社、2014年
弘兼憲史『島耕作の農業論』光文社、2015年
伏木亨『人間は脳で食べている』筑摩書房、2005年
伏木亨『味覚と嗜好のサイエンス』丸善出版、2008年
藤島廣二他『フード・マーケティング論』筑波書房、2016年
本田宗一郎『得手に帆あげて』光文社、2014年
G・M・ワインバーグ『コンサルタントの秘密――技術アドバイスの人間学』共立出版、1990年

岩崎邦彦（いわさき くにひこ）

1964年生まれ。静岡県立大学経営情報学部教授・地域経営センター長・学長補佐。博士（農業経済学）。

上智大学経済学部卒業、同大学院経済学研究科博士後期課程単位取得。

国民金融公庫、東京都庁、長崎大学経済学部助教授などを経て現職。

理論と実践の融合をモットーとして、アメーラトマト、お茶など地域産品のブランディング、静岡県農業法人協会のアグリマーケティング・プロジェクトのアドバイザー、全国各地の農業者へのセミナーなどを精力的に行っている。

主な著書に『小さな会社を強くする ブランドづくりの教科書』『小が大を超えるマーケティングの法則』『引き算する勇気』（いずれも日本経済新聞出版社）、『スモールビジネス・マーケティング』（中央経済社）、『緑茶のマーケティング』（農文協）などがある。

農業のマーケティング教科書
食と農のおいしいつなぎかた

2017年11月2日　1版1刷
2021年 4月1日　　6刷

著　者　岩崎邦彦

発行者　白石 賢
発　行　日経BP
日本経済新聞出版本部
発　売　日経BPマーケティング
〒105-8308　東京都港区虎ノ門4-3-12
印刷・製本　三松堂
装　丁　鈴木大輔（ソウルデザイン）
DTP　マーリンクレイン

ISBN978-4-532-32183-3　Printed in Japan

本書籍に関するお問い合わせ、ご連絡は下記にて承ります。
https://nkbp.jp/booksQA

日本経済新聞出版社の好評既刊書

小が大を超えるマーケティングの法則
岩崎邦彦 著

小さな企業には小さい強みを活かせるマーケティングがある。顧客の視点からの独自調査を中心に、小さな企業が需要の多様化など時代のトレンドを追い風にして勝ち抜くためのマーケティングの法則を解説する。

●1700円

小さな会社を強くするブランドづくりの教科書
岩崎邦彦 著

なぜ、小さなトマトが大きいブランドになったのか？本書は、調査データをベースに、著者自らが関わった成功事例をおりまぜながら、「最強の武器」となるブランドづくりの方法を解説。世界一わかりやすい実践理論！

●1600円

引き算する勇気 ―会社を強くする逆転発想
岩崎邦彦 著

アップルもスターバックスも無印良品も引き算企業。何かを引いてシンプルになることで本質的な価値・個性が引き出され、人を惹きつける。資源が限られた小さな会社、小さな町こそ、勇気をもって引き算してみよう。

●1600円

日本の田舎は宝の山 ―農村起業のすすめ
曽根原久司 著

見捨てられた農地や山林も新たな視点でとらえ直せば、宝の山としてよみがえる。都市・農村交流の伝道師、社会的起業の第一人者が地域の資源を活用し、事業化する実践事例と農村発ビジネスのかんどころを教える。

●1600円

「こんなもの誰が買うの？」がブランドになる ―共感から始まる顧客価値創造
阪本啓一 著

軍手、タオル、キャンドル、印鑑、クリーニング店、保育園……とてもブランドになりそうにないものでも、ブランドにすることは可能です。カギを握るのは確かな「世界観」だ。SNS時代のまったく新しいブランド論。

●1600円

●価格はすべて税別です